Abhandlungen aus dem
Aerodynamischen Institut
an der Technischen Hochschule Aachen
Herausgegeben von Professor **Dr. Th. v. Kármán**
Heft 5

Theorie des Segelfluges

Von

Dr.-Ing. W. Klemperer

Mit 17 Abbildungen im Text

Berlin
Verlag von Julius Springer
1926

Vorwort.

Die nachfolgende Abhandlung des Herrn Dr.-Ing. Klemperer entstand in der Zeit, in welcher der Verfasser als Assistent des hiesigen Aerodynamischen Instituts und später als Mitarbeiter des Aachener Segelflugzeugbaues sich konstruktiv und fliegerisch mit den Aufgaben des Segelfluges beschäftigte. Die Abhandlung ist im Jahre 1923 abgeschlossen worden. Infolge anderweitiger Betätigung des Verfassers und Verlegung seines Wohnsitzes nach den Vereinigten Staaten hat sich die Veröffentlichung der Arbeit leider um Jahre verspätet. Es war ihm aus demselben Grunde nicht mehr möglich, die seitdem erschienenen, zum Teil sehr wertvollen Arbeiten über Segelflug, Struktur des Windes, Boden- und Windverhältnisse zu berücksichtigen. Ich glaube immerhin, daß trotz dieser Mängel eine Veröffentlichung der Abhandlung wünschenswert erscheint, da einerseits die Probleme des Segelflugs mit seltener Gründlichkeit behandelt werden und die Arbeit außerdem vieles enthält, was auch für die allgemeine Dynamik des Flugzeuges von Interesse sein dürfte.

Prof. Dr. Th. v. Kármán.

Inhaltsverzeichnis.

	Seite
A. Beobachtungstatsachen	3
B. Die Energiequellen des Segelfluges	5
C. Der Leistungsbedarf ohne Segelflug	9
Horizontale Kurven	12
Vertikale Kurven	13
Anstellwinkel stetig periodisch veränderlich	20
D. Segeleffekte, ihr Mechanismus und ihre Leistungsbilanz	29
Statischer Segelflug	29
Böenausnutzung	35
Der Knoller-Betz-Effekt	38
Dynamische horizontale Segelmanöver	49
Böenmeteorologie	58
„Schichten"	64
Schichtenmeteorologie	68
E. Zusammenfassung	70
Segelflug der Vögel	70
Bemannter Segelflug	70
Segeleffekte bei Motorflügen	76
Literaturverzeichnis	77

Softcover reprint of the hardcover 1st edition 1926

ISBN 978-3-642-50488-4 ISBN 978-3-642-50797-7 (eBook)

DOI 10.1007/978-3-642-50797-7

A. Beobachtungstatsachen.

Es gibt eine Gruppe von Erscheinungen beim Fluge der Vögel und der Flugzeuge, welche auf den ersten flüchtigen Blick paradox erscheinen gegenüber der anerkannten aerodynamischen Theorie und den mechanischen Grundlagen des Fluges, welche nämlich hinsichtlich ihrer Energiebilanz, den gesicherten Elementargesetzen der Mechanik sich nicht einfügen zu wollen scheinen.

Derartige Erscheinungen, welche beim Flug der Vögel vielfach beobachtet werden, werden gewöhnlich unter der Bezeichnung „müheloser Segelflug" zusammengefaßt. Gemeint sind damit Flugzustände verschiedenster Form, welche das gemeinsame Kennzeichen haben, daß die Energiequelle, aus welcher die zum freien Fluge erforderliche Arbeitsleistung gedeckt wird, nicht ohne weiteres offenbar ist, weil keinerlei Flügelschläge, noch überhaupt irgendeine sichtbare Muskelanstrengung physiologische Arbeitsleistung verrät, während andererseits die Beobachtung der Flugbahn nachweist, daß nicht etwa nur Energie der Lage im Schwerefeld oder kinetische Energie verausgabt wird.

Segelflug der Vögel. Die mühelosen Segelflugformen mancher Vögel, bei denen sie keinerlei Flügelschläge bedürfen und dennoch ohne dauernden Höhenverlust die verschiedensten Flugbewegungen ausführen, sind so alltägliche und so leicht der Beobachtung zugängliche Erscheinungen, daß es kaum nötig sein dürfte, besondere Beobachtungsberichte hierüber als Beleg anzuführen. Aber die Erklärung derartiger Flugmanöver erscheint vielen doch so fernliegend und ihre Konsequenzen so leicht zu Widerspruch führend, daß viele, die sich nicht selbst von der Echtheit des Phänomens überzeugt haben, diese zu bezweifeln neigen. Freilich muß man sich stets vor Augen halten, daß die Beobachtung eines Vorganges wie des Vogelfluges sehr leicht Täuschungen und Unsicherheiten unterworfen ist, so daß man stets vorsichtig sein muß, allzu verallgemeinernde Schlüsse direkt aus den Beobachtungstatsachen abzuleiten. Es ist gewiß kein Zufall, daß die Alten die Beobachtungen des Vogelfluges zu Weissagungen für geeignet hielten.

Manchen Beobachtern hat gerade die physikalische Rätselhaftigkeit der Erscheinungen des Segelfluges der Vögel besonderen Eindruck gemacht, so insbesondere L. P. Mouillard und auch S. P. Langley, welcher Betrachtungen hierüber mehrere Spalten seiner ersten grundlegenden Arbeit über die innere Struktur des Windes widmet.

Der Komplex der beobachteten Erscheinungen läßt sich in gedrängter Form etwa zu folgendem zusammenfassen. Die Dauer, während welcher einzelne Vogelgattungen den Segelflug auszuüben pflegen, ist verschieden. Weitaus der beste Segler ist der Albatros, dessen hauptsächlichste Fortbewegungsart der Segelflug ist. Er soll stundenlang ohne einen nennenswerten Flügelschlag fliegen können. Eine ab und zu sichtbare Flügelbewegung mutet mehr wie eine Steuerbewegung als ein Vortriebsimpuls an. Vorzügliche Segler sind auch die meisten anderen Seevögel. Auf dem Festlande sind es namentlich die Raubvögel, die Adler, Geier, Kondore, Milane usw., welche Meister des Segelfluges sind. Zu diesen kommt noch der Storch und von den kleinen Vögeln der Mauersegler und die Schwalbe. Alle Beobachtungen stimmen darin überein, daß eine wesentliche Bedingung für die Ausübung des Segelns der Wind ist. Bei Windstille können die Vögel nicht segeln. Die Flugbewegungen der Vögel im Segelflug sind äußerst mannigfaltig. Vielfach, aber keineswegs ausschließlich, wird der Segelflug von zahlreichen Kursänderungen des Fluges begleitet, wovon das typischste Beispiel das sog. „Kreisen" ist. Der segelnde Vogel beschreibt dabei kreisähnliche oder zykloidische Bahnkurven, welche vielfach auch mit periodischen Höhenschwankungen verbunden sind. Die Schleifen werden nicht immer im gleichen Sinne durchflogen. Gelegentlich wird auch von einem unbeweglichen

Stehenbleiben in der Luft berichtet; doch sind solche Angaben meist unsicher oder unzuverlässig, jedenfalls unvollkommen, da es schwierig ist, die Windverhältnisse am Orte des schwebenden Vogels und einen evtl. Höhenverlust von unten zu beurteilen. Die Vorbedingungen für den Segelflug scheinen nach vielen Berichten bisweilen von der Nähe und Beschaffenheit des Bodens abzuhängen. Die meisten Segler, wohl ausgenommen der Albatros, benötigen kräftige Flügelschläge, um sich vom Boden zu erheben, und können erst in gewisser individuell verschiedener Höhe ausschließlich mit dem Segelflug auskommen. Andererseits bevorzugen manche Segler, z. B. die Möwen, Mauersegler, Turmschwalben usw. die Nähe von Windhindernissen, hohe Gebäude, Schiffe, Küsten, Inseln, Dünen, Felsen, Waldränder und Gebirgszüge, wobei sie sich vorzugsweise auf deren Luv-Seite aufhalten.

Nachahmung des Segelfluges. Mit der Erklärung des Segelfluges haben sich sehr viele Autoren schon seit sehr langer Zeit beschäftigt; aber erst in der zweiten Hälfte des 19. Jahrhunderts war die kritische Naturforschung so weit fortgeschritten, daß das Problem des Fluges überhaupt genauer analysiert werden konnte. Man erkannte, daß die Nachahmung des Flügelschlages menschlicher Muskelkraft nicht glücken konnte, und da tauchte bald der Gedanke auf, der mühelose Segelflug der Vögel könnte den Fingerzeig zu dem Wege geben, auf welchem auch dem Menschen das Fliegen gelingen müßte. Otto Lilienthal und seine Nachfolger, welche im Gleitfluge die ersten praktischen Flugerfahrungen sammelten, brachten dem Phänomen des Segelfluges aus diesem Grunde großes Interesse entgegen. Als jedoch dann die Leichtmotoren entstanden, und der motorische Flug sich mit einer beispiellosen Schnelligkeit zu seiner heutigen technischen Vollkommenheit und einem wichtigen Zweige der Verkehrstechnik entwickelte, geriet der Segelflug in Vergessenheit, da es ja gelungen war, das Flugproblem auf andere Weise, wenn auch wenig ökonomisch, zu lösen. Die Anforderungen des großen Krieges gaben der Entwicklung des Flugwesens vollends eine Richtung, welche durch stetige Steigerung der Leistungen, ohne Rücksicht auf den Aufwand, gekennzeichnet war. Erst nach dem Kriege, als sich die Kriegsflugstypen für einen rationellen Friedensverkehrsbetrieb recht teuer erwiesen, begann das Interesse für den Flug ohne Motor, oder mit schwacher Motorkraft, von einigen wenigen Anhängern verfochten, wieder mehr in den Vordergrund zu treten, und zwar besonders in Deutschland, wo der Betriebsstoffmangel und obendrein die Unterdrückung des Motorflugwesens durch die Siegerstaaten eine derartige Bewegung begünstigte. Zahlreiche Publikationen bemächtigten sich der „neuen Richtung“, und überschwängliche Hoffnungen wurden an die Erfüllung des Traumes vom mühelosen Menschenfluge geknüpft. Inzwischen haben Wettbewerbe für motorlose Flüge stattgefunden, bei denen Erfolge erreicht wurden, die noch kurz vorher für unwahrscheinlich gehalten worden waren und zu noch größeren Hoffnungen zu berechtigen schienen. Es ist aber nur dann von solchen Versuchen ein systematischer Fortschritt zu erwarten, wenn sie Hand in Hand mit einer Kritik des nach gesicherten Kenntnissen Möglichen gehen.

Mit Rücksicht hierauf soll in den folgenden Kapiteln ein Überblick über die verschiedenen Bedingungen des Segelfluges und ein Vergleich von Theorie und Praxis versucht werden.

„Segel“effekte bei Motorflugzeugen. Eine gewisse Verwandtschaft mit den Erscheinungen des Segelfluges bilden gewisse Erfahrungen an Motorflugzeugen, welche bisweilen Abweichungen von den zu erwartenden Flugleistungen zeigten, ohne daß Gründe dafür vom konstruktiven Standpunkte aus einleuchtend gewesen wären. Zum Beispiel kam es in der Praxis des Kriegsflugzeugbaues häufig vor, daß an verschiedenen Orten oder zu verschiedenen Zeiten oder unter der Führung verschiedener, anscheinend gleicherfahrener Führer, Flugzeuge ein und derselben Bauserie, ja selbst ein und dasselbe Flugzeug beträchtlich verschiedene Flugleistungen, namentlich in bezug auf Steiggeschwindigkeit und Gipfelhöhe erreichten. Erfahrene Einfliegepiloten pflegten gegen den Wind zu fliegen, wenn sie recht gute Steigzeiten erreichen wollten, obwohl man zunächst geneigt ist, die Möglichkeit eines Einflusses der Windrichtung auf die Flugleistung in Abrede stellen zu müssen. Am auffälligsten waren die beobachteten Unterschiede in den Flugleistungen von Flugzeugen vor allem im Gebirge. Manche bewährte Einfliegepiloten behaupteten auch, Böen ausnutzen zu können, und daher bei böigem Wetter bessere Zeiten zu erreichen als bei ruhigem. Doch ist näheres über diese

Technik nicht bekannt geworden, sei es, daß diese Manöver aus geschäftlichen Gründen geheim gehalten wurden, sei es, daß sich ihre Meister selbst nicht so genau Rechenschaft zu geben vermochten, auf was es eigentlich ankam, und die „Tricks“ mehr instinktiv ausführten. Dagegen ist es eine unter Flugzeugführern verschiedentlich vertretene Ansicht, man könne durch bestimmte Tauch- und Steigschwingungen in der Gipfelhöhe diese nicht unbeträchtlich überhöhen, freilich auch nur mit bestimmten Flugzeugtypen, ohne daß ein gemeinsames Merkmal der dafür geeigneten angegeben werden könnte.

In der vorliegenden Arbeit soll mit untersucht werden, inwieweit derartige Vorgänge auf „Segeleffekten“ beruhen können, und eine wie große Beeinflussung der Flugleistungen von Motorflugzeugen durch sie etwa möglich ist. Daraus müssen Folgerungen auf eine zweckmäßige Technik der Verwertung solcher Segeleffekte bei Motorflugzeugen einerseits, und auf ihre Berücksichtigung bei der Bewertung von Flugleistungen andererseits, gezogen werden.

B. Die Energiequellen des Segelfluges.

Leistungsbedarf des aerodynamischen Fluges. Die eigentliche Aufgabe des Fluges der Maschinen „schwerer als Luft“ beruht im wesentlichen darin, die Schwere durch die Rückwirkung abwärts beschleunigter Luftmassen zu kompensieren. Aus Kontinuitätsgründen muß ebensoviel Luft, wie hierbei abwärts bewegt wird, anderweit wieder aufwärts strömen. Die Gesamtheit dieser beim Fluge zu erzeugenden Luftbewegungen stellt ein Wirbelgebilde dar, welches vom Flugzeuge fortgesetzt neu hervorzurufen bzw. immer weiter zu verbreiten ist. Zur dauernden Wirbelerzeugung ist aber dauernder Energieaufwand notwendig. Diesen muß das Flugzeug aufbringen und andauernd an die Atmosphäre abführen. Diese Energie geht letzten Endes in der allgemeinen Wärmebewegung unter. (Die Verhältnisse liegen ähnlich wie bei einem Elektromagneten, der zur Hervorrufung einer magnetischen Kraft auch eines dauernden Stromwärmeverlustes bedarf.)

Flächenbelastung. Es ist bekannt, daß der pro Einheit des zu tragenden Gewichtes erforderliche Leistungsaufwand, der ja von der Dimension einer Geschwindigkeit ist, theoretisch beliebig herabgedrückt werden könnte. Man müßte dazu nur das in Mitleidenschaft gezogene Luftquantum möglichst groß und die pro Volumeinheit erzeugten Geschwindigkeiten dafür recht klein halten, aus dem einfachen Grunde, weil die rückwirkende Kraft dem erteilten Impulse mv, dagegen die hierzu erforderliche Arbeit der kinetischen Energie $\frac{1}{2}mv^2$ gleich ist. Bauliche Schwierigkeiten ziehen aber hier enge Grenzen. Während die gewöhnlichen Motorflugzeuge Flächenbelastungen von 25 bis 80 kg/m² aufweisen, beschränken sich die gut fliegenden Vögel auf 2 bis 20 kg/m². Darin liegt bis zu gewissem Grade schon von vornherein ihre relativ höhere Flugökonomie begründet. Allerdings hängt der pro Einheit des zu tragenden Gewichts aufzubringende Leistungsbedarf nicht nur von dem Flügelinhalt, sondern auch sehr wesentlich davon ab, wie diese Belastung über ein Tragwerk verteilt ist.

Induzierter Widerstand. Die Zirkulationstheorie des Tragflügelauftriebs hat gelehrt, den Einfluß des Seitenverhältnisses (Spannweite zu mittlerer Flächentiefe) und die gegenseitige Beeinflussung mehrerer Tragdecks zu beherrschen. Danach muß man sich den Widerstand in Flugrichtung, der mit der dazu senkrechten Auftriebserzeugung einhergeht, aus zwei Teilen bestehend denken, einem von der Güte des Flügels, seiner Querschnittsform, und seiner Oberflächenbeschaffenheit abhängigen, und einem „induzierten“ Widerstand, der von der Lastverteilung über die Spannweite abhängig ist. Der letztere begleitet physikalisch notwendig die aerodynamische Auftriebserzeugung. Die zu seiner Überwindung aufzubringende Energie findet sich in den Wirbeln wieder, welche an der Flügelhinterkante und namentlich an den Flügelenden abgehend, die Fortsetzung der tragenden Zirkulation bilden. Während der erste Teil, der „schädliche“ Widerstand, durch vorteilhafte Profilierung und glatte Oberfläche sehr vermindert werden kann, gibt es für den „induzierten“ Widerstand eine unterste Grenze, welche bei elliptischer Auftriebsverteilung über der Spannweite erreicht wird, und welche bei gegebenem Staudruck nur vom Quadrat des Gesamtauftriebs und von der Spannweite abhängt. In der üblichen Bezeichnungsweise geschrieben erhält man

$$c_{w_i} = \frac{c_a^2 \cdot F}{\pi \cdot b^2}, \tag{1}$$

worin c_a und c_{w_i} die Koeffizienten des Auftriebs und des induzierten Widerstands einer Fläche vom Inhalt F und der Spannweite b bedeuten. Die Formel bringt namentlich die Abhängigkeit vom Seitenverhältnis F/b^2 zum Ausdruck.

Die meisten der segelnden Vögel insbesondere der Seevögel, haben Flügel, welche nicht nur tatsächlich sehr vorteilhafte Profilformen und Oberflächenbeschaffenheit besitzen, sondern auch ein gutes Seitenverhältnis, d. h. schmale, weit ausladende Flügel, sowie eine gute Annäherung an elliptische Auftriebsverteilung infolge nach außen hin abnehmender Flügeltiefe. Sie sind daher offenbar sehr ökonomische Flieger.

Zwei mögliche Theorien des Segelflugs. Dessenungeachtet steht natürlich fest, daß auch sie einen ziemlich genau abschätzbaren Leistungsbedarf zum aerodynamischen Fliegen nötig haben. Wenn nun bei den Erscheinungen des Segelfluges eine Energieleistung nicht wahrzunehmen ist, so kann man zur Erklärung dieser auffälligen Beobachtung zwei Hypothesen verfolgen. Entweder man nimmt an, daß der Vogel die Flugarbeit zwar selbst leistet, daß sie jedoch nur optisch nicht zu bemerken ist, weil sie etwa in irgendeiner anderen Form als der der deutlichen Flügelschläge erfolgt; oder aber man muß untersuchen, aus welchen fremden Energiequellen der Vogel die Flugarbeit deckt. Diese können dann jedenfalls nur in der Atmosphäre liegen.

Schwirrflughypothese. Die erste Auffassung hat man als die „Schwirrflughypothese" bezeichnet. Ihre Verfechter vermuten, daß der segelnde Vogel außerordentlich rasche Flügelschwingungen ausführe, ähnlich denjenigen der Insekten, nur mit äußerst kleiner Amplitude. Experimentell hat Exner die Möglichkeit des Schwirrfluges nachzuweisen versucht. Wenn auch seine Schlußfolgerungen, die übrigens schon 1866 Fresenius vertreten hat, von verschiedener Seite, namentlich durch Gildemeister, schon ausführlich widerlegt worden sind, so sei hier noch auf eine Tatsache hingewiesen, welche eine Zunahme der Schlagfrequenz mit zunehmender Flügelgröße als unrationell erkennen läßt. Bei gegebener Flügelgröße muß jedenfalls die Schlagfrequenz in erster Näherung im umgekehrten Verhältnis der Amplitudenverkleinerung beschleunigt werden, wenn derselbe Auftrieb beibehalten werden soll. Das Biegungsmoment, das den Flügel von gegebenem Trägheitsmoment um das Schultergelenk als Achse im oberen Totpunkte zur Umkehr zu zwingen hat, ist der Schlagamplitude nur direkt, dagegen der Frequenz im Quadrat proportional. Das hat zur Folge, daß einer Verkleinerung der Amplituden auf Kosten rascherer Frequenz eine um so frühere festigkeitstechnische Grenze gezogen ist, je größer das schwingende Organ ist.

Die hier vorliegende Arbeit setzt nach der zweitgenannten Hypothese ausschließlich atmosphärische Energiequellen für die Erscheinungen des Segelfluges voraus.

Meteorologische Theorie des Segelflugs. Die meteorologische Erklärung des Segelfluges hat sehr viele Gemüter beschäftigt, und zahlreiche Beobachter, denen die Grundlagen der Mechanik nicht genügend geläufig waren, haben unhaltbare Theorien aufgestellt und kühne Spekulationen daran geknüpft. Die am meisten verbreiteten Irrtümer beruhen in einer unexakten oder unklaren Beschreibung der relativen Bewegung von Vogel (Flugapparat), umgebender Luft und Erdboden. Diese Irrtümer kommen in den verschiedensten Verkleidungen vor und führen ihre Verfasser manchmal sogar zu der absurden Ansicht, daß es auch nützliche Flugphasen geben könne, bei welchen der Vogelflügel von der Seite oder gar von hinten und oben angeblasen würde. Die Verwirrung, die z. B. bei Buttenstedt in den Grundbegriffen der Mechanik herrscht, gipfelt in seinem Ausspruch: „Schwerkraft ist Flugkraft", welches Schlagwort in vielen wissenschaftlich ungeschulten Erfinderköpfen unheilvolle Verwirrung angerichtet hat. Die in vielem sich selbst widersprechenden Beweisführungen dieser Verfasser führen vielfach zu dem Trugschluß, daß auch in einem hypothetisch gleichmäßigen, horizontalen Winde der mühelose Segelflug möglich sei.

Schon 1889 hat v. Parseval mit allem Nachdruck auf die Unhaltbarkeit derartiger Vorstellungen hingewiesen. Eine einfache relativistische Überlegung lehrt, daß es für die Bewegungsverhältnisse eines Flugzeugs genau auf dasselbe hinausläuft, ob die Atmosphäre, in welcher es fliegt, als Ganzes eine gleichmäßige Bewegung (Wind) in horizontaler Ebene gegen den Boden ausführt, oder ob man die Atmosphäre als ruhend betrachtet, und dafür der Erdoberfläche unten eine entgegengesetzte Bewegung zuschreibt. Daß dies für den Flieger, der mit dem Erdboden in keiner Verbindung ist, anders als optisch gar nicht wahrnehmbar ist, ist dem praktischen Flieger, der gewohnt ist, längere Zeit über Wolken, dem Meere oder in der Nacht zu fliegen, nur zu wohl geläufig. Wenn schon diese Relativbewegung seines umgebenden Mediums (bei gleichmäßig angenommenem Winde) gegen einen fernen, unbeteiligten dritten Körper, dem Flieger nicht wahrnehmbar ist, wieviel weniger ist ihm dann die Möglichkeit gegeben, aus dieser Relativbewegung Energie zu schöpfen? Der gleichmäßige horizontale Anteil des Windes scheidet daher für eine Erklärung von Segelflugphänomen aus.

Eine in etwas anderer Weise vom Boden unserer physikalischen Erfahrung abweichende „Theorie" ist diejenige, welche Dr. Nimführ vertritt, um die Vorteile eines von ihm projektierten Segelflugzeuges mit pneumatisch pulsierenden Tragflächentaschen zu beweisen. Der Kernpunkt der Abweichungen seiner Theorie von den üblichen Vorstellungen liegt in seinen Annahmen über Ausbreitung von Druckstörungen.

Gustav Lilienthal knüpft, im Gegensatz zu seinem Bruder Otto L., dem Altmeister der menschlichen Flugpraxis, überschwengliche Hoffnungen an ganz bestimmte besondere Flügelformen, auf welche auch ein horizontaler Wind eine Hubwirkung ausüben solle, wenn sie ohne eigenen Antrieb der Luft ausgesetzt würden. Sein wesentlichstes Argument beruht in einer zu sehr verallgemeinerten Deutung eines Experiments, auf welches wir an späterer Stelle zurückkommen werden.

Die atmosphärischen Energiequellen des Segelflugs. Worin nun in der Tat die Energiequellen des Segelfluges zu erblicken sind, das hat in knapper und klarer Form als erster Lord Rayleigh ausgesprochen. Nach seiner Formulierung ist ein Segelflug (im Gegensatz zum Gleitflug) dann möglich, wenn der Wind entweder nicht horizontal oder nicht gleichförmig weht.

Auf der Grundlage dieser Erklärung stehen auch die auf das Problem des Segelfluges Bezug habenden Veröffentlichungen von Marey, Strasser, Langley, Otto Lilienthal, Joukovskij, Airy, Courtenay, Parseval, Lanchester, Finsterwalder, Prandtl, v. Kármán, Sée, Knoller, Betz, Ahlborn, de Pischoff, Georgii, Steiger und viele andere.

Der Unterschied in der Behandlung der Frage bei den verschiedenen Autoren ist meist der, daß sie den einzeln herausgegriffenen Spezialfällen sehr verschiedene Bewertung zuteil werden lassen. Was dem einen unwichtig und nebensächlich erscheint, betrachtet der andere als wesentlichen und bedeutsamen Effekt.

Wir haben eigentlich wenig Anlaß, die Existenz eines laminaren, gleichmäßig horizontalen Windes außer unter ganz seltenen Umständen anzunehmen. Daraus würde folgen, daß die Grundbedingungen zum Segelflug, die meteorologischen Energiequellen, wenigstens qualitativ, überaus häufig gegeben seien. Wie weit sie es nun quantitativ auch sein können, dies zu untersuchen ist ein Teil der hier vorliegenden Arbeit, wiewohl zahlreiche Spezialfälle auch quantitativ von verschiedenen Seiten bereits ausführlich behandelt worden sind.

Statischer Segelflug (Aufwind). Bei einem Gleitfluge in einem aufsteigenden Luftstrom ist die im Schwerefelde gemessene Sinkgeschwindigkeit eines Flugzeuges gegenüber dem Gleitflug in ruhiger Luft um die Steiggeschwindigkeit des Luftstroms verringert. Ist die vertikale Windkomponente $\geqq$ als die kleinstmögliche Sinkgeschwindigkeit des Flugzeugs, so kann es sich in diesem Luftstrom auf gleicher Höhe halten oder gar steigen. Das Kräftespiel unterscheidet sich dabei in nichts von dem des gewöhnlichen Gleitflugs.

Die Kontinuität der Raumerfüllung durch eine Atmosphäre, deren Dichte nur wenig um einen Mittelwert herum schwankt, erfordert, daß einem aufsteigenden Strom ein ebenso ergiebiger absteigender an anderer Stelle zugehöre. Sache des Seglers muß es nun sein, sich vorzugsweise da aufzuhalten, wo die aufsteigende Tendenz vorherrscht und Stellen absteigenden Windes zu meiden. Der Energiegewinn des Fluges geht naturgemäß schließlich auf Kosten der Energie der vertikalen Strömung, die offenbar durch den Flug in ihr geschwächt werden muß. Freilich wird dies nur unmerklich wenig zur Geltung kommen. Da die Existenz aufsteigender Ströme nicht stets ohne weiteres wahrnehmbar zu sein und überhaupt nicht in leicht übersichtlicher Weise von wahrnehmbaren Dingen wie der Terraingestaltung abzuhängen braucht, ist man im allgemeinen fast nie berechtigt, die Möglichkeit aufsteigender Ströme am Orte segelnder Vögel in Abrede zu stellen, sondern muß mit Rayleigh und anderen annehmen, daß ein sehr großer Teil der als Segelflug angesprochenen Flugvorgänge auf diese Weise eine einfache Erklärung finden kann, insbesondere dann, wenn Anzeichen für andere Arten des Segelfluges nicht zu bemerken sind.

Dynamischer Segelflug (Ungleichheiten des Windes). Dennoch braucht man keineswegs soweit wie Olshausen zu gehen, der im aufsteigenden Luftstrom schlechthin die praktisch einzige Energiequelle der Segelvögel erblicken will. Denn es gibt doch Fälle, in welchen die Annahme aufsteigender Ströme den Erscheinungen nicht gerecht wird und solche, welche direkt andere Formen der Energiegewinnung aus dem Winde deutlich erkennen lassen.

Die mittlere kinetische Energie des horizontalen Windes ist zwar, wie wir bemerkt haben, von einem frei in demselben fliegenden System aus nicht gewinnbar. Von der kinetischen Energie des Windes ist vielmehr nur diejenige der Relativbewegung zweier Atmosphärengebiete nutzbar, in die der ausnützende Körper, sei es gleichzeitig, sei es unter Zuhilfenahme seiner eigenen Massenträgheit in zeitlicher Folge nacheinander eintaucht. Umwandlung von kinetischer Energie der Strömungsunterschiede in Flugarbeit setzt eine Flugart voraus, durch die der Energiegehalt der auszubeutenden Relativströmungen tatsächlich vermindert wird.

Es kann dabei unterschieden werden, zwischen Ausnutzung zeitlich konstanter örtlicher Windverschiedenheiten und zeitlicher Windschwankungen an Ort und Stelle. Der erstere Fall liegt vor, wenn sich in der Atmosphäre abgegrenzte Schichten verschiedener Windstärke oder -Richtung neben- oder übereinander ausbilden. Diese Erscheinung ist keineswegs selten, sondern in mehr oder minder ausgeprägtem Maße sowohl in der Nachbarschaft des Bodens als in der Höhe häufig zu beobachten. Zeitliche Windschwankungen sind bei Wind überhaupt stets vorhanden. Langley war wohl der erste, welcher die Windpulsationen im Hinblick auf ihre Bedeutung für die Erklärung des Segelfluges genau zu messen versucht hat. Seitdem liegt eine Fülle meteorologischen Beobachtungsmaterials vor, aus welchem quantitative Schlüsse über die Möglichkeit des Böensegelfluges an späterer Stelle gezogen werden sollen.

Soweit man von dem schwer zu realisierenden Vorschlage Wolfmüllers, ein Flugsystem mit sehr großen Abmessungen in zwei verschieden bewegte Luftschichten wie Kiel und Segel eines Segelbootes gleichzeitig eintauchen zu lassen, absieht, so bleibt dem Flieger nichts übrig, als in die verschiedenen gegeneinander auszuspielenden Luftschichten durch besondere „Segelmanöver" wechselweise einzudringen und so auch den örtlichen Schichtungen in zeitlicher Folge zu begegnen. Es handelt sich dabei bei der Schichtenausnutzung um ähnliche Wirkungen wie bei der Ausnutzung zeitlicher Schwankungen, der Böen. Der Unterschied ist vor allem, daß sich der Führer in Böen deren unregelmäßiger und unvorhersehbarer Folge geistesgegenwärtig anpassen muß, während er an stationären Schichten mehr Freiheit in der Disposition seiner Manöver hat.

Definition: Segelflug. Segeleffekte. In jedem der erwähnten Fälle ist der meteorologische Ursprung der zum Segelflug herangezogenen Energien das Charakteristische dieser Flugform, so daß wir für das folgende die Definition zugrunde legen mögen:

„Segelflug bezeichnet alle Formen des dynamischen Fluges, bei welchen die zur Ausgleichung der Schwerkraft unvermeidliche Aufwendung mechanischer Arbeitsleistung nicht aus einem im fliegenden System mitgeführten Energievorrat, sondern durch Erfassung innerer Energie der Atmosphäre gedeckt wird. (Die Bezeichnung ‚innere' Energie soll andeuten, daß die Energie auf ein mit der mittleren Geschwindigkeit des Windes fortschreitendes Koordinatensystem bezogen werden soll, und nicht von einem äußeren, etwa der festen Erde aus zu beurteilen ist.)"

Nachdem wir so die energetische Seite des Problems klargestellt haben, soll nun der Mechanismus genauer studiert werden, nach welchem im einzelnen Falle die Umsetzung innerer Windenergie in Flugarbeit vor sich gehen kann. Selbstverständlich handelt es sich bei den Segelflügen meist um ein Zusammenwirken verschiedener der Arten, in welche wir eben die Fülle der Ursachen geordnet haben. Zum Verständnis der verschiedenen Segelmanöver und zu Flugvorschriften gelangen wir an ehesten an Hand einer Zergliederung nach jenen drei Gesichtspunkten, nach denen wir die Energiequellen eingeteilt haben. Demgemäß behandeln wir die Ausnutzung der Aufwärtskomponente des Windes als „Statischen Segelflug". Dagegen fassen wir die Ausnutzung von Windstößen (Böen) und die Ausnutzung stationärer Windschichten als „dynamischen Segelflug" zusammen.

Sowohl in dem Kapitel über den „Statischen Segelflug" als in den beiden, die die beiden Varianten des „dynamischen Segelflugs" behandeln, hat sich die Untersuchung zu gliedern in 1. eine Beurteilung des zum Segeln erforderlichen Energiegehalts der Strömung mit Rücksicht auf den „Wirkungsgrad" der Umsetzung der Energie im Segelflug, und 2. eine Beurteilung der Ergiebigkeit solcher Energiequellen auf Grund des meteorologischen Beobachtungsmaterials. Der Vergleich beider führt zu den Schlußfolgerungen für die Praxis des Segelfluges.

Es wäre sehr übersichtlich, wenn es möglich wäre, den Segeleffekt zu beurteilen nach dem Verhältnis der nutzbar vorhandenen, also bestenfalls gewinnbaren Energie irgendeiner meteorologischen Situation zu der zum Fluge mindestens erforderlichen Energie. Dieses Verhältnis möchte man „Segelfähigkeit" nennen. Ist es > 1, so bliebe ein Energieüberschuß zur Verfügung. Ist es < 1, so ist dauernder Segelflug nicht möglich, wohl aber evtl. eine Verringerung des Energiebedarfs gegenüber dem Normalflug. Unter „Wirkungsgrad" des Segelfluges wäre das Verhältnis des in einem bestimmten Falle tatsächlich realisierten Energiegewinns zu der überhaupt gewinnbaren Energiemenge zu verstehen.

Eine so übersichtliche Darstellung der Segeleffekte läßt sich allerdings nicht allgemein durchführen, weil der Energiebedarf des Fluges kein fester Wert ist, sondern selbst von den Flugumständen, die das Flugzeug während der gewinnbringenden Manöver durchmachen muß, abhängt. Wir müssen daher zuerst klarstellen, wie der Leistungsbedarf des Fluges auch ohne Segeleffekt erstens von den Daten des Flugzeuges und zweitens von der Form der Flugbahn bzw. des Flugmanövers abhängt, ehe wir die Segeleffekte quantitativ studieren können. Der folgende Abschnitt befaßt sich daher zunächst hiermit.

C. Der Leistungsbedarf ohne Segelflug.

Es wurde schon darauf hingewiesen, daß das Ökonomieproblem des Fluges nicht in der Frage bestehen kann, wie groß der Leistungsaufwand ist, um ein gewisses Gewicht zu tragen. Denn dieses Verhältnis ist keine dimensionslose Größe, und kann mit Verringerung der Flächenbelastung theoretisch beliebig klein gemacht werden. Erst mit der Transportaufgabe erhält die Frage nach der Ökonomie einen physikalischen Sinn. Maßgebend für die Güte in dieser Hinsicht ist das Verhältnis von Flugleistungsbedarf zu Transportleistung:

$$\frac{L}{G \cdot v} = \frac{c_w}{c_a}, \tag{2}$$

Leistungsaufwand $= L$, Gewicht $= G$, Geschwindigkeit $= v$, welches gleich der sog. „Gleitzahl" c_w/c_a ist und etwa die Rolle des Reibungskoeffizienten anderer Fahrzeuge spielt.

Durch Elimination der Fluggeschwindigkeit v aus den Gleichungen für das Gleichgewicht in der Bahn (Luftdichte $= \varrho$, Flächenbelastung $= p$):

$$\frac{p \cdot L}{G} = \tfrac{1}{2} c_w v^3 \varrho, \tag{3a}$$

und senkrecht zur Bahn:

$$p = \tfrac{1}{2} c_a v^2 \varrho \tag{3b}$$

erhält man bekanntlich einen dimensionslosen Ausdruck:

$$\frac{c_w}{c_a^{3/2}} = \frac{L}{G} \cdot \sqrt{\frac{1}{2} \frac{\varrho}{p}}, \tag{4}$$

welcher ein aerodynamisches Maß für die Ökonomie eines Flugwerkes bildet. Dieser Ausdruck, dessen reziproker Wert häufig „Steigzahl" (von Everling „Flugzahl") genannt wird, bedeutet gewissermaßen einen „spezifischen Leistungsbedarf". Er sei in der Folge mit μ bezeichnet. Der auf die Gewichtseinheit bezogene Leistungsbedarf L/G, welcher gleich der Sinkgeschwindigkeit wäre, bei welcher die Schwere diese Leistung liefert, ist also außerdem noch der Wurzel aus der Flächenbelastung proportional.

Der „spezifische Leistungsbedarf" μ kann auch bei einem nicht gleichförmigen Flugzustand definiert werden, vorausgesetzt, daß sich die Anfangsbedingungen periodisch wiederholen. Wenn wir zur Abkürzung mit $V = \sqrt{2\,p/\varrho}$ diejenige Geschwindigkeit bezeichnen, deren Staudruck gleich der spezifischen Flächenbelastung p sein würde, so gilt für irgendeine Flugschwingungsform:

$$\mu = \frac{\int c_w v^3\,dt}{V^3 \cdot \int dt}. \tag{5}$$

Die Integrale müssen zwischen Grenzen genommen werden, zu welchen alle Flugzustandsbestimmungsstücke dieselben sind. Der Wert dieses Ausdrucks gewährt einen Vergleich des Leistungsbedarfs irgendeines Schwingungsvorgangs mit dem des gleichen Bedingungen unterworfenen Geradfluges. Sind v_0 die Geschwindigkeit und c_{a_0} bzw. c_{w_0} die Luftkraftbeiwerte des äquivalenten Geradflugs, so schreibt sich, da offenbar $V = v_0 \sqrt{c_{a_0}}$

$$\mu = \frac{c_{w_0}}{c_{a_0}^{3/2}} \frac{1}{T} \cdot \int_0^T \frac{c_w}{c_{w_0}} \left[\frac{v}{v_0}\right] dt\,. \tag{6}$$

T bezeichnet hierbei die Periode, nach deren Ablauf die Anfangsbedingungen wieder sämtlich erfüllt sind.

$$c_{w_0}/c_{a_0}^{3/2} = \mu_0 \tag{7}$$

ist der spezifische Leistungsbedarf des Geradflugs. Das Verhältnis

$$\sigma = \frac{\mu}{\mu_0} = \frac{1}{T} \int_0^T \frac{c_w}{c_{w_0}} \cdot \left[\frac{v}{v_0}\right]^3 dt \tag{8}$$

ist ein Maß für den verhältnismäßigen Leistungsmehrbedarf irgendeiner rhythmisch veränderlichen Flugform verglichen mit dem horizontalen Geradflug. Sein Unterschied gegen 1:

$$\Delta\sigma = \sigma - 1 = \frac{\mu - \mu_0}{\mu_0} = \frac{1}{T} \int_0^T \left[\frac{c_w}{c_{w_0}} \left(\frac{v}{v_0}\right)^3 - 1\right] dt \tag{9}$$

veranschaulicht den „Schaden", den eine solche Flugform verursacht. Würde $\Delta\sigma$ einmal negativ, so läge eine Leistungs-„Ersparnis" gegenüber dem äquivalenten Geradfluge vor, und $-\Delta\sigma$ wäre ein „Nutzen".

Der Ausdruck μ hat aber, wie gesagt, nur überhaupt dann eigentlich einen physikalischen Sinn, wenn die dem Luftfahrzeug bereitzustellende Leistung $L = \mu \cdot G \cdot V$ in solcher Form und zeitlicher Verteilung dargeboten wird, daß sie direkt ohne anderweitige Verluste zur Widerstandsüberwindung verwendet werden kann, also vom Standpunkte des Tragwerks als effektive Leistung. Energie läßt sich eben im Flugzeug nur in der kinetischen Form eines Geschwindigkeitsüberschusses oder in der potentiellen von Flughöhe „verlustlos" in Reserve halten[1]).

Flugform kleinsten spezifischen Leistungsbedarfs. „Konservativer" Flug und Gleitflug. Die Frage nach der Flugform kleinsten Leistungsbedarfs läßt sich jedenfalls nicht trennen von der

[1]) In diesem Sinne weist auch v. Sanden demgegenüber darauf hin, daß gerade beim motorgetriebenen Flugzeug die effektive Leistung am Propeller von der zur Verfügung stehenden mechanischen Leistung an der Welle des Motors sich um einen durch den veränderlichen Propellerwirkungsgrad angegebenen Betrag unterscheidet, welcher erst wieder von den Parametern des Flugzustands, vornehmlich der Fluggeschwindigkeit abhängt. Besondere Annahmen über diese Abhängigkeit führen ihn dann dazu, den Wert $\frac{c_w}{c_a^{1,25}}$ als maßgebend für den Leistungsbedarf zu beurteilen.

Kritik der Energieumformung, welche unter Umständen den Flugvorgang begleitet. Diese Tatsache ist es, welche das Problem etwas unübersichtlich und einer allgemein gültigen Darstellung unzugänglich macht, so daß man sich mit der Diskussion der Verhältnisse unter gewissen einschränkenden Annahmen bescheiden muß. Besonders treten aus der Mannigfaltigkeit der möglichen Flugformen zwei Spezialgruppen hervor. Die eine Gruppe ist dadurch gekennzeichnet, daß eine motorische Leistung dauernd so reguliert wird, daß sie jeden Augenblick gerade die Widerstandsarbeit deckt. Derartige Flugformen wollen wir „konservative" nennen, weil bei ihnen ausschließlich die bahnsenkrechte Luftkraftkomponente neben den Massenkräften die Flugbewegung bestimmt, so daß ein Energieaustausch lediglich zwischen potentieller (Höhe) und kinetischer (Geschwindigkeit) Form eintritt, wobei die Summe beider konstant ist, und weitere Verluste nicht auftreten.

Diejenigen Flugvorgänge, bei denen eine motorische Leistung überhaupt nicht zugeführt wird und alle Flugarbeit ausschließlich von dem Flughöhenverlust gedeckt wird, sollen unter der Bezeichnung „Gleitflug" zusammengefaßt werden.

Unsere Aufgabe ist, Flugarten zu betrachten, bei welchen nach bestimmten Manövern der Anfangszustand wieder erreicht wird. Beim konservativen Flug ist dies ohne weiteres möglich und der Leistungsbedarf läßt sich etwa nach Formel (4) unschwer berechnen. Beim Gleitflug können wir statt Leistungsbedarf vom Leistungseinsatz sprechen. Es sind zwei Fälle von Wichtigkeit. Entweder wird die Energie, welche beim Gleiten dissipativ verloren geht, durch Aufwind wieder zugeführt, oder aber muß dem Gleitflug ein motorischer Steigflug folgen.

Im Folgenden werden wir auch solche Steig-Gleitflug-Zickzackbewegungen eingehend untersuchen.

Gerader Flug. Am einfachsten liegen die Verhältnisse, wenn während des Fluges alle Parameter konstant und die Flugbahn gerade ist. Während nun unter allen (konservativen) Horizontalgradflügen verschiedener Kombination von Anstellwinkel und Geschwindigkeit derjenige mit dem kleinsten $c_w/c_a^{3/2}$ den mindesten spezifischen Leistungsbedarf aufweist, ist von allen stationär möglichen geradlinigen Gleitflügen derjenige am „ökonomischsten", d. h. weist die kleinste Sinkgeschwindigkeit auf, welchem der Wert $c_w/c_r^{3/2}$ ein Minimum wird, wobei bedeute:

$$c_r = \sqrt{c_a^2 + c_w^2}\,, \tag{10}$$

den Koeffizienten der resultierenden Luftkraft. Dies liegt darin begründet, daß beim Gleitflug nicht nur die bahnnormale Komponente, sondern auch die Komponente in der Bahnrichtung eine Komponente in der Schwererichtung liefert. Da beim Gleitflug der Leistungsumsatz einfach gleich dem Produkt aus Gewicht und Sinkgeschwindigkeit ist, so ist der spezifische Leistungsumsatz

$$\mu_g = -\frac{v \cdot \sin\alpha}{V} \tag{11}$$

und die Sinkgeschwindigkeit

$$v_s = \mu_g \cdot V = \frac{c_w}{c_r^{3/2}} \cdot \sqrt{\frac{2\,p}{\varrho}}\,.$$

Der Index „g" soll andeuten, daß es sich um eine Gleitflugbewegung handelt. Im Gegensatz dazu wird im folgenden der Index „k" für konservative Flugformen angewandt werden. α bezeichnet den (im Gleitflug negativen) Winkel zwischen Flugbahn und Horizont. Man sieht nun ohne weiteres ein, daß mit

$$V = \sqrt{2\,p/\varrho} \tag{12}$$

und

$$p = \tfrac{1}{2}\,\varrho\, c_r v^2 \tag{13}$$

$$v = \sqrt{\frac{2\,p}{\varrho\, c_r}} = \frac{V}{\sqrt{c_r}}, \tag{14}$$

und da

$$-\sin\alpha = \frac{c_w}{c_r}, \tag{15}$$

so ist in der Tat

$$\mu_g = \frac{c_w}{c_r^{3/2}}\,. \tag{16}$$

Mit Rücksicht auf $c_a = c_r \cos\alpha$ kann man daher auch schreiben

$$\sigma = \cos^{3/2}\alpha. \tag{17}$$

Daraus geht einfach hervor, daß der spezifische Leistungsbedarf beim Gleitflug etwas kleiner gehalten werden kann als beim ökonomischsten Horizontalflug. Der „ökonomischste" Gleitflug ist (bekanntlich) nicht identisch mit dem flachsten, für welchen c_w/c_r ein Minimum sein muß. Er ist steiler und langsamer als dieser.

Die Frage nach der Flugform kleinsten spezifischen Leistungsbedarfs ist für die Beurteilung der Aussichten des Segelfluges in der Tat von beträchtlichem Interesse. Daß nicht schon der ökonomischste Horizontalflug offenkundig als die Lösung dieses Problems erscheint, liegt an der Eigenart der Fragestellung begründet, die gerade auf einen zeitlichen Energiebedarf zur Deckung eines Dissipationsverlustes gerichtet ist. Warum sollte es nicht möglich sein, diesen Quotienten einer Arbeit durch eine Zeit dadurch zu verkleinern, daß man den Nenner vergrößert, d. h. „Zeit gewinnt", indem man ab und zu Steig- und Sinkbewegungen macht, die Zeit „verbrauchen", ohne daß während der ganzen Zeit die volle aerodynamische Auftriebserzeugung mit ihren Dissipationstribut in vollem Ausmaße vonstatten gehen muß?

Es ist notwendig, zu untersuchen, inwieweit bei den später zu besprechenden Flugbewegungen dynamischer Segelmanöver der Leistungsbedarf ungeachtet eines eventuellen Segeleffekts durch die Tatsache des Manövers allein schon gegenüber dem normalen oder dem ökonomischsten Geradflug geändert bzw. verschlechtert ist. Von Wichtigkeit ist es aber auch, nachzuforschen, ob es gar auch unstationäre Flugformen, deren einzelne Phasen sich aber periodisch wiederholen, geben kann, deren Leistungsbedarf etwa kleiner wäre als der der günstigsten stationären.

Horizontale Kurven.

Zunächst ist leicht einzusehen, und ist auch verschiedentlich behandelt worden, daß der eben genannte Fall bei einer großen Gruppe nicht geradliniger Bewegungen nicht vorkommen kann, nämlichbei den Kurven mit horizontalem Krümmungsradius. Sie sind notwendig unökonomischer als der jeweils entsprechende Flug in konstanter senkrechter Kursebene.

(K = konservativ). In der Kurve muß außer der Schwerkraft noch die Zentrifugalkraft aerodynamisch ausgeglichen werden. Beider geometrische Summe ist bei horizontaler Kurve sicher größer als die Schwerkraft allein. Wir bezeichnen mit β den Schräglagenwinkel, den das Flugzeug hat, wenn es ohne zu driften kielrecht in einer horizontalen Kurve liegt, und dessen Tangens das Verhältnis der Zentrifugalkraft zur Schwerkraft ist. Wenn die zum Vergleich zuzulassende tatsächliche Flächenbelastung wieder durch p angedeutet sei, so wird jetzt $(v/V)^3 = (c_a \cos\beta)^{-3/2}$ und da die spezifische Leistung das c_w-fache davon ist, so ist für den Horizontalkurvenflug mit Schräglage β:

$$\mu_k = \frac{c_w}{(c_a \cos\beta)^{3/2}} \qquad \text{und} \qquad \sigma = \cos^{-3/2}\beta. \tag{18}$$

Soweit β klein ist, ist der Schaden näherungsweise:

$$\Delta\sigma \sim \tfrac{3}{4}\beta^2. \tag{19}$$

Spiralgleitflug. Eine ganz analoge Formel, in der nur c_r an die Stelle von c_a tritt, gilt für die Gleitkurve mit horizontalem Krümmungshalbmesser, d. h. längs einer vertikalachsigen Schraubenbahn. Also für die „Spiralgleit"-Kurve (oder Spiralsteigkurve):

$$\mu_g = \frac{c_w}{(c_r \cos\beta)^{3/2}}. \tag{20}$$

Für den Vergleich mit dem günstigsten Horizontalgeradflug gewinnt man unter Berücksichtigung einiger nicht so einfach durchsichtiger sphärisch-trigonometrischer Beziehungen zwischen den Winkeln α (tatsächlichen Bahnelevation), $\beta = \operatorname{arctg} \omega\, v/g$ (Winkel zwischen Schwerkraft und Resultierender aus dieser plus Zentrifugalkraft) und $\varepsilon = \operatorname{arctg} c_w/c_a$ (Rückneigung der resultierenden Luftkarft) den Ausdruck (weil $\sin\varepsilon = \sin\alpha\cos\beta$): (21)

$$\sigma = [\cos^2\alpha + \operatorname{tg}^2\beta]^{\frac{3}{4}} \tag{22}$$

(ω ist die Kursänderungsgeschwindigkeit).

Vertikale Kurven.

Nicht so einfach liegen die Verhältnisse, wenn der Krümmungsradius schief im Raume liegt, d. h. einen Winkel mit dem Horizont einschließt, insbesondere auch dann, wenn dieser Winkel 90⁰ ist, also wenn es sich um Kurven in vertikaler Ebene handelt. Wie schon bemerkt, eignen sich zu einem Vergleich des Leistungsbedarfs nur Flugvorgänge mit periodisch wiederkehrenden Werten aller Flugparameter. Unter den möglichen Vertikalbewegungen sind solche als Steig- und Tauchschwingungen zu bezeichnen. Die veränderlichen Größen, die den Flugzustand bestimmen, sind im wesentlichen folgende:

v: die Fluggeschwindigkeit,

α: der Flugbahnwinkel gegen den Horizont,

c_w, c_a, c_r: die vom Anstellwinkel abhängigen und untereinander nach dem Gesetz der „Polarkurve" abhängigen Luftkraftbeiwerte,

T_v: eine evtl. vorhandene Triebkraft, bezogen auf die Einheit des Fluggewichts.

Die Flugbewegung wird allgemein bestimmt durch ein Paar von Gleichungen, welche in der Form der Gleichgewichtsbedingungen senkrecht zur Bahn und in der Bahn dimensionslos geschrieben werden können:

$$\cos\alpha + \frac{v \cdot \dot{\alpha}}{g} = c_a \left[\frac{v}{V}\right]^2,^{1)} \tag{23}$$

$$\sin\alpha + \frac{\dot{v}}{g} = - c_w \left[\frac{v}{V}\right]^2 + T_v. \tag{24}$$

Diese Schreibweise ordnet nach links die Massenkraftdichte und nach rechts die Flächenkraftdichte, alles bezogen auf die Intensität der Schwere als Einheit. Das jeweils erste Glied bedeutet die Wirkung der Schwere, das zweite die der Trägheit, das dritte die der Luftkraft, und das letzte die einer evtl. in Flugrichtung (v) wirkenden Triebkraft, alles bezogen auf die Einheit des Fluggewichts.

Vertikale Flugschwingungen. Die eingangs gestellte Aufgabe besteht nun darin, zu untersuchen, wie groß der spezifische Leistungsbedarf gemäß Gl. (8) all jener Bewegungen sich ergibt, welche erstens die Bewegungsgleichungen (23) und (24) befriedigen und zweitens ungedämpft periodisch verlaufen. Den bisher untersuchten geradlinigen Spezialfällen „Horizontalflug" und gerader „Gleitflug" entsprechen die „konservativen Schwingungen", bei denen die rechte Seite der Gl. (24) gleich null ist, und die „Gleitschwingungen", bei denen darin $T_v = 0$. Erstere sind mathematisch am leichtesten zu verfolgen und letztere sind für die Manöver des Segelfluges von großer Bedeutung.

Die Phygoidentheorie. Verhältnismäßig einfach zu überblicken ist, daß und um wieviel eine wichtige große Untergruppe der konservativen Flugbewegungen von vornherein als unökonomischer als der gerade Flug sich erweist. Dies sind alle Flugschwingungen mit konstantem Anstellwinkel. Sie wurden ausführlich von F. W. Lanchester untersucht. Er nennt sie „Phygoiden". Konstanter Anstellwinkel bedeutet praktisch unendliche statische Längsstabilität. Nur die konservativen Phygoiden (bei denen also die Triebkraft in jedem Augenblick gerade die Widerstandskraft ausgleicht) sind eo ipso stabile Schwingungsformen, d. h. sie verlaufen ungedämpft. Der Ansatz der Gleitflugbedingungen ($T_v = 0$) würde statt dessen zu gedämpften Schwingungen führen, die abklingend in den stationären geraden Gleitflug mit demselben Anstellwinkel überleiten.

Bei den konservativen (Lanchesterschen) Phygoiden ist die Fluggeschwindigkeit v des Flugzeugs lediglich eine Funktion der nach abwärts positiv gerechneten Niveaudifferenz H der momentanen Flughöhe gegen eine bestimmte Anfangshöhe, nämlich:

$$v = \sqrt{2 g H}. \tag{25}$$

Mit dieser Festsetzung entsteht aus den Bewegungsgleichungen (23, und (24) die Differentialgleichung der konservativen Phygoide:

$$-\frac{d\cos\alpha}{dH} = \frac{\cos\alpha}{2H} - \frac{1}{2H_n}, \tag{26}$$

[1]) Der Punkt (über $\dot{\alpha}$ und $\dot{v}$) bedeutet Ableitung nach der Zeit.

worin unter $H_n = v_0^2/2\,g$ die Geschwindigkeitshöhe der Horizontalgeschwindigkeit v_0 des beschleunigungsfreien Geradflugs verstanden wird. Übrigens ist mit dem bei (12) eingeführten Symbol $V = \sqrt{2\,p/\varrho}$ noch

$$V = v_0 \sqrt{c_a}. \tag{27}$$

Die Lösung gibt Lanchester an mit:

$$\cos\alpha = \tfrac{1}{3}\left(\frac{H}{H_n}\right) + \frac{K}{\sqrt{H/H_n}}. \tag{28}$$

Die Integrationskonstante K bestimmt den „Typ" der Phygoide. Alle Phygoiden gleichen Typs sind untereinander ähnlich. Im Falle $K = \frac{2}{3}$ wird die Phygoide zur Geraden im Niveau H_n. Alle Flugformen bei denen kleinere Geschwindigkeiten als v_0 vorkommen, schneiden die Linie $H = H_n$ des Horizontalflugs (1). In den Schnittpunkten ist

$$\cos\alpha_n = K + \tfrac{1}{3}. \tag{29}$$

K kann nie größer werden als $\frac{2}{3}$. Ist K nur wenig $< \frac{2}{3}$, so sind die Flugbahnen flache Wellenlinien, die sich von Sinuslinien nur wenig dadurch unterscheiden, daß ihr Krümmungsradius in den oberen Scheitelpunkten etwas kleiner ist als in den unteren (2). Mit weiterer Abnahme von K nähert sich die Form der Kurve der eines Halbkreises vom Radius $R = 3\,H_n$, in den sie für $K = 0$ übergeht (4). Negatives K kennzeichnet die schlingenförmigen von Runge als „Tümmler"-Kurven bezeichneten Bahnkurven, die mit weiter abnehmendem K immer tiefer liegen und immer ringförmiger werden (5, 6). Abb. 1. (NB. Alle Phygoiden haben in dem Punkte mit vertikaler Tangente den gleichen Krümmungsradius, nämlich $\varrho = 2\,H_n$. Ferner ist im $\left[\frac{\text{höchsten}}{\text{tiefsten}}\right]$ Punkte der Phygoiden der Krümmungsradius

$$\varrho = \frac{2\,H_s H_n}{H_s \pm H_n}, \tag{30}$$

wenn H_s die Höhe des betreffenden Scheitelpunktes unter der Nullinie bezeichnet.)

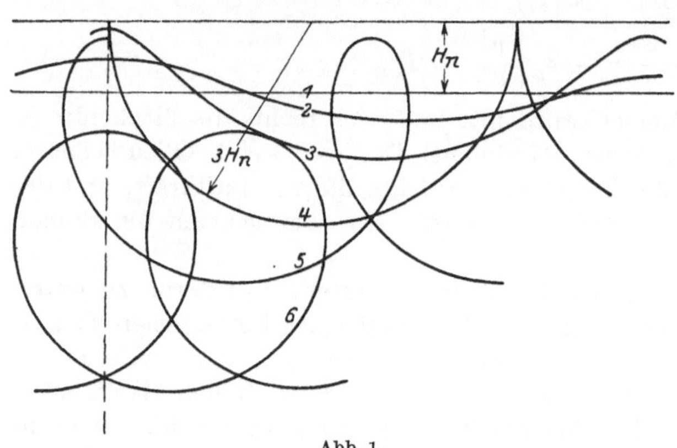

Abb. 1.

Die flachen Wellen-Phygoiden. Um den Leistungsbedarf der Phygoiden zu übersehen, bestimmen wir zuerst den der sehr flachen Wellenlinien. Für diese ist mit großer Näherung die Vertikalbewegung harmonisch, also auch die Geschwindigkeit ziemlich genau eine Sinusfunktion der Zeit. Setzen wir für v, wie in der Folge noch oft, die Variabele

$$v = v_0(1 + \xi) \tag{31}$$

und, wie sich als einfacher erweisen wird, für den Parameter des Phygoidentyps

$$K = \tfrac{2}{3}(1 - \lambda), \tag{32}$$

wobei sowohl ξ als λ klein gegen 1 bleiben sollen, so ist zufolge (28):

$$\cos\alpha = \tfrac{1}{3}(1 + \xi)^2 - \tfrac{2}{3}\cdot\frac{1 - \lambda}{1 + \xi}. \tag{33}$$

Nun ist unter Vernachlässigung von Gliedern höherer als zweiter Ordnung:

$$\alpha^2 = 2 - \tfrac{2}{3}(1 + \xi)^2 - \frac{4}{3}\,1 - \lambda \tag{34}$$

bzw.

$$\alpha^2 = \tfrac{2}{3}[2\,\lambda - 3\,\xi^2 - 2\,\lambda\xi]. \tag{35}$$

Nun ist:

$$\alpha = -\frac{dH}{v\,dt} = -\frac{dv^2/2g}{v\,dt} = -\frac{dv}{g\,dt} = -\frac{v_0}{g}\,\dot{\xi} = \tau\,\dot{\xi}, \tag{36}$$

v_0/g ist diejenige Zeit, welche ein frei fallender Körper brauchen würde, um die Fallgeschwindigkeit v_0 zu erlangen. Mit Rücksicht auf diese anschauliche Bedeutung sei v_0/g mit dem Zeichen τ abgekürzt. Es ergibt sich:

$$-\tau\dot{\xi} = \pm\sqrt{\tfrac{2}{3}[2\lambda - 3\xi^2]}, \tag{37}$$

wobei wir das dritte Glied neben dem ersten gestrichen haben. Umgeformt:

$$-\tau\dot{\xi} = 2\sqrt{\tfrac{1}{3}\lambda}\cdot\sqrt{1-(\xi/\tfrac{2}{3}\lambda)^2}. \tag{38}$$

Integriert gibt, wie von Lanchester auf andere Weise bewiesen,

$$\xi = \sqrt{\tfrac{2}{3}\lambda}\cdot\sin\left(\sqrt{2}t/\tau\right), \tag{39}$$

wenn die Zeit t von einem Augenblick an gerechnet wird, wo $v = v_0$ ist.

Das Verhältnis des Leistungsbedarfs der Phygoide mit dem Parameter λ zu dem der geraden Bahn wird angegeben durch:

$$\sigma = \frac{\mu_{k_\lambda}}{\mu_{k_0}} = \frac{1}{T}\int_0^T (1+\xi)^3\, dt \tag{40}$$

über die Dauer einer Periode T.

Während einer solchen durchläuft die Variabele $\varphi = \sqrt{2}t/\tau$ natürlich den Winkel 2π. Damit ist das Leistungsbedarfsverhältnis

$$\sigma = \frac{1}{2\pi}\left[\left(1 \pm \sqrt{\tfrac{2}{3}\lambda}\cdot\sin\varphi\right)^3\right]_{\varphi=0}^{\varphi=2\pi}. \tag{41}$$

Dies gibt in erster Näherung für die „Leistungsvergleichsziffer“ σ_0

$$\sigma_0 = 1 + \lambda. \tag{42}$$

Das heißt, in der Nachbarschaft der geraden Bahn verschlechtert sich die Ökonomie im Verhältnis der Zunahme der stets positiven Phygoidenkennziffer λ. Trägt man σ über dem Phygoidenparameter λ in gleichem Maßstabe auf, so hat die Kurve im Endpunkte $\lambda = 0$ ($K = \frac{2}{3}$, $\sigma = 1$) eine Tangente unter 45^0.

Die Halbkreisphygoide. Einen weiteren Punkt dieser Kurve erhält man leicht für die Halbkreisphygoide ($\lambda = \frac{2}{3}$, $K = 0$). Hier kann man den zeitlichen Mittelwert von $(1+\xi)^3$ berechnen, indem man das Wegelement $ds = v\,dt$ einführt. Es ist nämlich für den Halbkreis

$$\sigma_{\frac{2}{3}} = \frac{\mu_{k_{\text{Halbkr.}}}}{\mu_{k_{\text{hor.z.}}}} = \frac{1}{T}\int_0^T \left(\frac{v}{v_0}\right)^3 dt = \frac{1}{T\,v_0}\int_0^{3H_n\pi}\left(\frac{v}{v_0}\right)^2 ds = \frac{1}{T\,v_0}\int_0^{3H_n\pi}\frac{H}{H_n}\,ds. \tag{43}$$

Nun ist aber beim Halbkreis vom Radius $3\,H_n$ einfach:

$$ds = 3\,H_n\,d\alpha \quad\text{und}\quad H = 3\,H_n\cos\alpha. \tag{44}$$

Daher ist mit Berücksichtigung von $v_0^2 = 2\,g\,H_n$:

$$\sigma_{\frac{2}{3}} = \frac{1}{T\,v_0}\int_{-\frac{2}{3}\pi}^{+\frac{2}{3}\pi} 3\cos\alpha\cdot 3\,H_n\,d\alpha = \frac{9\,M_n}{T\sqrt{2\,g\,H_n}}\Big[\sin\alpha\Big]_{-\frac{2}{3}\pi}^{+\frac{2}{3}\pi} = \frac{9}{T}\sqrt{2\,H_n/g}. \tag{45}$$

Die Periode T ist aber hier nichts anderes als die halbe Schwingungsdauer eines ungedämpft 180^0 schwingenden Kreispendels, von der Länge $3\,H_n$. Dafür gilt bekanntlich:

$$T = C\pi\sqrt{3\,H_n/g} \quad\text{worin } C = 1{,}1795. \tag{46}$$

Das gibt

$$\sigma_{\frac{2}{3}} = \frac{\sqrt{54}}{C\pi} = \sim 1{,}98. \tag{47}$$

Also ist der spezifische Leistungsbedarf der Halbkreisphygoide fast doppelt so groß als der des Horizontalfluges. Daß die Schlingenkurven noch ungünstiger sein müssen, geht ohne weiteres daraus hervor, daß bei ihnen die Zeitdauer kleinerer Geschwindigkeit als v_0 immer mehr zusammenschrumpft, je stärker K negativ wird. Abb. 2) stellt den Verlauf des Anfanges der σ (λ) bzw. σ (K)-Kurve dar. Er unterscheidet sich wenig von der 45°-Linie. Von allen Phygoiden ist sicher der Horizontalflug der ökonomischste.

Anstellwinkel veränderlich (Steig- und Sturzflug). Das Merkmal der Phygoiden war die Konstanz des Anstellwinkels. Es ist nun zu untersuchen, in welchem Maße durch eine Veränderlichkeit desselben der Leistungsbedarf beeinflußt werden kann.

Die Gleichungen ändern sich hier insoweit, als in den Ausdrücken für den „Schaden" [Gleichung (8) bzw. (9)] der Koeffizient c_w, weil veränderlich, nicht mehr vor das Integralzeichen genommen werden kann.

Daß durch Veränderlichkeit von c_w ein „Vorteil" ermöglicht werden könnte, könnte man vielleicht für möglich halten, wenn man ein allerdings hypothetisch extremes Beispiel verfolgt, bei dem während des Hauptteils der ganzen Zeit dynamischer Auftrieb überhaupt nicht erzeugt wird. Werden zwischen Zeiten dynamischer Auftriebserzeugung Zeitperioden eingeschaltet, während deren im Sturzflug oder senkrechten Aufstieg lediglich kinetische und potentielle Energie hin- und zurückgetauscht wird, so müßte sich dafür sorgen lassen, daß während dieser Zeitperioden der Widerstand, der ja dann nicht durch die Auftriebserzeugung nach unten limitiert ist, außerordentlich reduziert wird, während doch eben „Zeit gewonnen wird". Zunächst wollen wir die zwar etwas gewaltsame Annahme treffen, daß das Umlenken in den tiefsten und höchsten Punkten der Flugbahn innerhalb einer Zeit vor sich gehen möge, die so kurz gegen die Fall- und Steigzeit sei, daß für den Leistungsbedarf so gut wie nur die Zeitspannen der senkrechten Bewegungen maßgebend wären. Während dieser würde das Flugzeug natürlich stets mit dem Anstellwinkel des kleinsten Widerstands, der im allgemeinen auch derjenige verschwindenden Auftriebes ist, zu stürzen haben. Wir wollen sowohl den Fall konservativer Triebkraft als den des Gleitfluges betrachten.

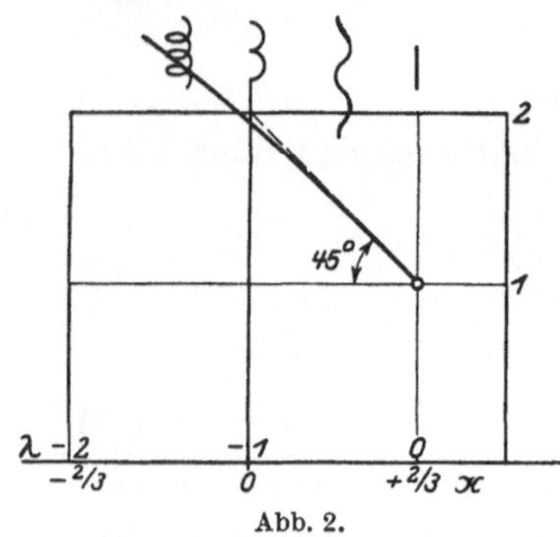

Abb. 2.

Der K-Fall. Im ersteren ist $v = gt$, also: während der Vertikalbewegung

$$\mu_k = \frac{c_{w_{\min}}\, g^3}{T V^3} \int_0^T t^3\, dt. \tag{48}$$

Dies ist:

$$\mu_k = \frac{c_{w_{\min}}\, g^3\, T^3}{4\, V^3} = \frac{c_{w_{\min}}}{4} \left(\frac{v_u}{V}\right)^3, \tag{49}$$

worin v_u jene Endgeschwindigkeit bedeute, bei deren Erreichung das Umlenken vor sich gehen soll. Die Anfangsgeschwindigkeit zur Ausgangszeit ist $= 0$ angenommen. Wir setzen wieder $V = v_0 \sqrt{c_{a_0}}$, bemerken aber, daß hier dieses c_{a_0} nicht in direkter Abhängigkeit mit c_w steht, weil beide nicht gleichzeitig zur Geltung kommen. Daher kann von beiden Beiwerten der absolut beste genommen werden. Sonach ist:

$$\mu_k = \frac{c_{w_{\min}}}{c_{a_0}^{3/2}} \cdot \frac{1}{4} \left(\frac{v_u}{v_0}\right)^3 = \frac{c_{w_{\min}}}{c_{a_0}^{3/2}} \cdot \frac{1}{4} \left(\frac{H_u}{H_n}\right)^{3/2}. \tag{50}$$

Während H_n wie bisher die zu v_0 gehörige Geschwindigkeitshöhe ist, bezeichne H_u die Fallhöhe. Allerdings muß diese Fallhöhe mindestens so tief bzw. tiefer sein, daß die Endgeschwindigkeit $v_u > v_{\min}$, also größer als die zu $c_{a_{\max}}$ gehörige Minimalgeschwindigkeit, damit ein Umlenken im tiefsten Punkt überhaupt möglich ist. Nun wäre für alle Werte von da an bis zu $\frac{v_u}{v_0} \leqq \sqrt[3]{4}$ $= 1{,}587$ μ_k kleiner, d. h. günstiger als beim Horizontalflug, schon wenn nicht $c_{w_{\min}}$, sondern c_{w_0} (c_{a_0}) eingesetzt wird. Ohne diese Beschränkung würde der nützliche Bereich für v_u/v_0 wesentlich größer. Aus später zu erörternden Gründen ist die Größenordnung von $c_{w_{\min}}/c_{w_0} \sim \frac{1}{4}$, wodurch sich der günstige Bereich bis etwa $v_u/v_0 \leqq \sim \sqrt[3]{16} = 2{,}52$ vergrößern würde.

Der K-Fall mit hypothetischen Faltflügeln. Läßt man noch zu, daß für die Zeit, während welcher kein Antrieb erzeugt wird, die Flügel eingezogen werden, wie es den Vögeln möglich ist, so kann durch geeignete Formgebung der Widerstand des Flugkörpers außerordentlich vermindert werden. In der Polarkurvendarstellung veranschaulicht sich das Einziehen der Flügel durch eine Schar von auf die Maximaltragfläche bezogenen Polarkurven, deren einhüllende E ungefähr auch die Kurve der zusammengehörigen Bestwerte von c_a^3/c_w^2 wäre (Abb. 3).

G-Fall. Gleiches Interesse bietet noch die andere Alternative, nämlich der extreme Sturz- und Steigflug ohne Triebkraft, d. h. unter der Bedingung des Gleitflugs. Dann wird die Steighöhe y_2 nicht gleich der Fallhöhe y_1 werden, sondern sie bleibt kleiner. Die Höhendifferenz beider, $y_1 - y_2$, dividiert durch die verflossene Zeitperiode T, die sich aus der Falldauer T_1 und der Steigdauer T_2 zusammensetzt, ist die mittlere Sinkgeschwindigkeit, deren Verhältnis zu V nach Gleichung (11) das Maß für den spezifischen Leistungsbedarf abgibt, also:

$$\mu_g = \frac{1}{V} \cdot \frac{y_1 - y_2}{T_1 + T_2}. \tag{51}$$

Als Parameter für den Zeitpunkt, in dem das Umlenken stattfinden soll, wählt man zweckmäßig das Verhältnis x der Geschwindigkeit im Umlenkaugenblick v_u zur Endgeschwindigkeit v_e, die sich nach endloser Falldauer einstellen würde:

$$x = \frac{v_u}{v_e} \quad \text{und} \quad v_e = \frac{V_e}{\sqrt{c_{w_{\min}}}}. \tag{52}$$

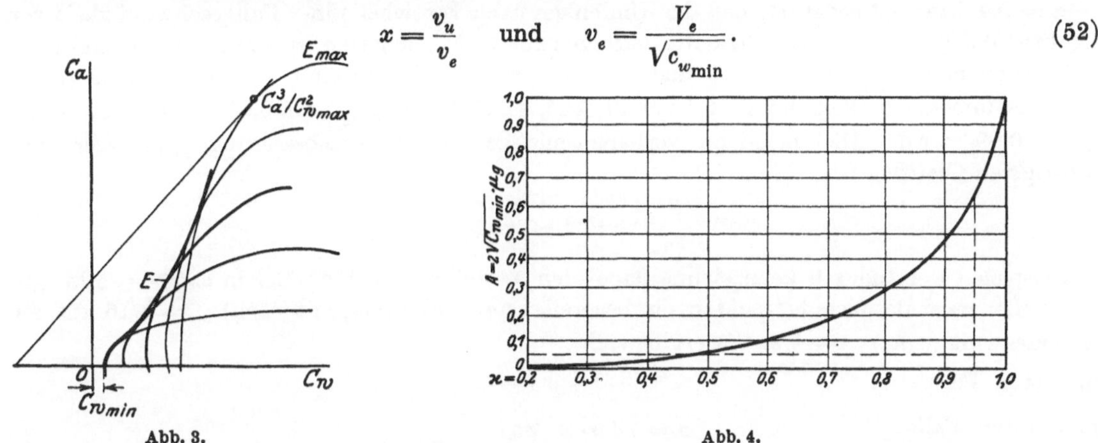

Abb. 3. Abb. 4.

Nun ist für die Bewegung mit Luftwiderstand nach abwärts

$$x = \sqrt{1 - e^{-2 g y_1 / V_e^2}} \tag{53}$$

oder

$$y_1 = -\frac{V_e^2}{2g} \ln (1 - x^2) \tag{54}$$

und

$$T_1 = \frac{V_e}{g} \cdot \mathfrak{Ar}\mathfrak{Tg}\, x \tag{55}$$

und aufwärts:

$$y_2 = \frac{V_e^2}{2g} \cdot \ln (1 + x^2), \tag{56}$$

bezw.

$$T_2 = \frac{V_e}{g} \cdot \operatorname{arctg} x. \tag{57}$$

Es ergibt sich somit:

$$\mu_g = -\frac{1}{2\sqrt{c_{w_{\min}}}} \cdot \frac{\ln(1 - x^4)}{\mathfrak{Ar}\mathfrak{Tg}\, x + \operatorname{arctg} x}, \tag{58}$$

wofür man, da $x < 1$, auch schreiben kann:

$$\mu_g = \frac{x^3}{4\sqrt{c_{w_{\min}}}} \cdot \frac{1 + \frac{x^4}{2} + \frac{x^8}{3} + \frac{x^{12}}{4} + \frac{x^{16}}{5} + \cdots}{1 + \frac{x^4}{5} + \frac{x^8}{9} + \frac{x^{12}}{13} + \frac{x^{16}}{17} + \cdots} = \frac{A}{2\sqrt{c_{w_{\min}}}}. \tag{59}$$

Die Werte ergeben eine Kurve, welche in Abb. 4 dargestellt ist.

Mit zunehmender Geschwindigkeit im tiefsten Punkte, also mit Annäherung an $x = 1$ wird die Ökonomie schlechter, um sich schließlich dem Werte $\frac{1}{2\sqrt{c_{w_{\min}}}}$ zu nähern. Dieser Wert aber ist sicher größer als $\frac{c_w}{c_r^{3/2}}$, das ja auch geschrieben werden kann

$$\mu_{g_0} = \frac{1}{\sqrt{c_w}} \cdot \left[\frac{c_w}{c_r}\right]_{\min}^{3/2}, \tag{60}$$

worin $\left(\frac{c_w}{c_r}\right)^{3/2}$ wesentlich kleiner als $\frac{1}{2}$ zu sein pflegt. Für $c_w/c_r = 1/9$ bzw. $1/16$ ist daher für $x = 1$: $\frac{\mu_g}{\mu_{g_0}} = 13{,}5$ bzw. 32. Andererseits wird aber mit abnehmendem x der entscheidende Ausdruck mit x^3 klein und kann daher sehr wohl noch vor der zulässigen Grenze $x_{\min} = \sqrt{\frac{c_{w_{\min}}}{c_{g_{\max}}}}$ kleiner als μ_{g_0} werden. Beispielsweise brauchte für $c_w/c_r = 1/9$ nur $x = 0{,}4$ und für $c_w/c_r = 1/16$ etwa $x = 0{,}3$ zu sein, um die Bedingung dafür zu erfüllen, daß diese vertikale Flugoszillation das für den geneigten Gleitflug gültige Leistungsbedarfsminimum noch unterschreite.

$x = 0{,}4$ bzw. $0{,}3$ bedeutet, daß das Umlenken nach Erreichen einer Fallgeschwindigkeit von 0,4 bzw. 0,3 der Endgeschwindigkeit v_2 erfolgen muß. $x_{\min}$ dagegen ist von der Größenordnung 0,15, wenn man $c_{r_{\max}}$ zu etwa 1,20 und $c_{w_{\min}}$ zu etwa 0,027 annimmt. Wenn man allerdings eine Zusammenlegbarkeit der Flügel zuläßt, so erscheint ein $c_{w_{\min}}$ von 0,01 erreichbar, womit $x_{\min} \sim 0{,}09$ wird. Die mögliche verhältnismäßige Leistungsverbesserung gegenüber dem günstigsten Gleitflug ist:

$$\sigma = \frac{\mu g}{\mu g_0} = \tfrac{1}{2} A \cdot \sqrt{c_{w_0}/c_{w_{\min}}} \cdot [c_r/c_w]_0^{3/2}. \tag{61}$$

Beispiele. Der Index 0 kennzeichne dabei den Anstellwinkel, für welchen $c_w/c_r^{3/2} = $ Min. gilt Wir wollen zwei Beispiele betrachten, ein besonders gutes Flugzeug mit $(c_w/c_r)_{\min} = 1/16$ und ein normales mit $(c_w/c_r)_{\min} = 1/9$. Es ergibt sich

im ersten Falle: $\sigma = 32 \cdot A \cdot \sqrt{c_{w_0}/c_{w_{\min}}}$,

im zweiten Falle: $\sigma = 13{,}5 \cdot A \cdot \sqrt{c_{w_0}/c_{w_{\min}}}$,

$c_{w_0}/c_{w_{\min}}$ können wir bei starren Flügeln (inklusiv Rumpfwiderstand usw.) zu 4, mit Annahme faltbarer Flügel vielleicht zu 10 veranschlagen. Dann ergibt sich für σ entsprechend den vier Fällen:

bei $x = c_n/c_r =$	Faltbare Flügel		Starre Flügel	
	1/9	1/16	1/9	1/16
0,1	0,0135	0,032	0,0095	0,0226
0,15	0,0456	0,108	0,0322	0,0765
0,2	0,108	0,256	0,076	0,181
0,25	0,212	0,500	0,149	0,354
0,3	0,365	0,865	0,257	0,612
0,4	0,870	2,06	0,612	1,46
0,5	1,72	4,08	1,21	2,88
0,7	5,03	11,9	3,55	8,42

Im Abb. 5 sind diese Werte aufgetragen als Funktion von x. Wie man sieht, gäbe es in der Tat bei den hiergewählten Annahmen einen nützlichen Bereich, d. h. wo der Leistungsbedarf der Oszillation kleiner erschiene als der des Geradfluges ($\sigma < 1$), bevor x die durch die Umlenkbarkeit bedingte Grenze erreicht.

Der „Umlenkvorgang“. In Wirklichkeit spielt nun aber gerade in den Fällen, wo bei Vernachlässigung des „Umlenkverlustes“ ein Nutzen der Flugschwingung herauskommt, der Umlenkvorgang eine entscheidende Rolle. Er nimmt nämlich dann eine Zeit in Anspruch, welche neben den für die Steig- und Fallperiode verbleibenden Zeitperioden keineswegs klein erscheint, wie wir angenommen hatten. Es muß daher der Umlenkvorgang in die Energiebilanz unbedingt mit einbezogen werden.

Phygoidale Umlenkung. Um beispielsweise konservativ die Umlenkung vom Sturzflug in den Steigflug zu bewerkstelligen, ist es naheliegend, beide Phasen durch eine Phygoide des Anstellwinkels für kleinstes c_w^2/c_a^3 zu verbinden. Offenbar kommen dafür nur Phygoiden der Schlingenform in Betracht. Von diesen handelt es sich dann nur um den unteren, von zwei vertikalen Tangenten begrenzten Teil. Es taucht also mit anderen Worten die Frage auf, ob etwa der Leistungsbedarf einer Schlingenphygoide dadurch bis unter den des Geradfluges vermindert werden kann, daß ihr oberer (Rückenflug-) Teil durch einen auftriebslosen Auf- und Abstieg längs der vertikalen Tangente ersetzt wird. Nun besteht überhaupt ein bestimmter Zusammenhang zwischen dieser Fallhöhe H_u und dem Parameter der anschließenden Phygoide, und somit auch mit ihrem Leistungsbedarf. Die zu einer Phygoide vom Parameter K gehörige Steighöhe H_u ist, wie man durch 0-Setzen von Gleichung (28) ohne weiteres erhält:

$$H_u = H_n \cdot (-3K)^{\frac{2}{3}} \quad \text{oder} \quad v_u = v_0 \cdot \sqrt[3]{-3K}. \tag{62}$$

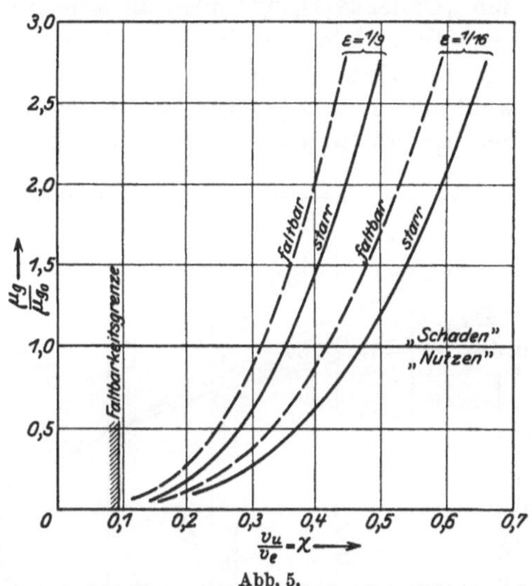

Abb. 5.

Dies ist beides um so größer, je stärker negativ K ist. (Eine besondere Rolle spielt die spezielle Phygoide $K = -{}^4/_3$, welche in ihrem oberen Gipfelpunkte gerade das Niveau H_n berührt. Für sie ist nämlich der Leistungsbedarf des anschließenden Steig- und Fallflugs, da $H_u/H_n = \sqrt[3]{16}$ oder $v_u/v_0 = \sqrt[3]{4} = 1{,}587$, gerade gleich dem Leistungsbedarf des äquivalenten Geradflugs.)

Der Leistungsbedarf der ganzen Kombination Steig-Fall-Flug + Halbphygoide schreibt sich, wenn die Indizes $_{\min}$ und $_{\text{phyg}}$ die zugehörigen Luftkraftbeiwerte bezeichnen wie folgt:

$$\mu_k = \frac{c_{w_{\text{phyg}}} \cdot \int\limits_{\alpha=0}^{\alpha=\frac{\pi}{2}} v^3\, dt + \frac{1}{4} g^3 t_2^4 \cdot c_{w_{\min}}}{v_0^3 \cdot c_{a_{\text{phyg}}}^{3/2} \cdot (t_1 + t_2)}, \tag{63}$$

worin t_1 die halbe Umlenkzeit und t_2 die anschließende Steigzeit bedeutet. α ist wie bisher der Bahnerhebungswinkel. Nun ist

$$H_u = \tfrac{1}{2} g\, t_2^2 = H_n \cdot (-3K)^{\frac{2}{3}}. \tag{64}$$

Also, wenn noch $v_0/g = \tau$ gesetzt wird:

$$\mu_k = \left[\frac{c_w}{c_a^{3/2}}\right]_{\text{phyg}} \cdot \frac{\int\limits_{\alpha=0}^{\alpha=\frac{\pi}{2}} [H/H_r]^{3/2}\, dt + \frac{c_{w_{\min}}}{c_{w_{\text{phyg}}}} \cdot \frac{1}{4} \tau \cdot \sqrt[\frac{3}{4}]{-3K}}{t_1 + t_2 \sqrt[3]{-3K}}. \tag{65}$$

Benutzt man die Phygoidengleichung und führt man zur Abkürzung die Bezeichnung $d\varrho = \frac{ds}{H_n}$ und $\xi = M/H_n$ ein, so geht dies über in

$$\mu_k = \left[\frac{c_w}{c_a^{3/2}}\right]_{\text{phyg}} \cdot \frac{\int\limits_{\alpha=0}^{\alpha=\frac{\pi}{2}} \xi\, d\varrho + \frac{c_{w_{\min}}}{c_{w_{\text{phyg}}}} \cdot \frac{1}{2} \cdot \sqrt[3]{(-3K)^4}}{\int\limits_{\alpha=0}^{\alpha=\frac{\pi}{2}} \frac{d\varrho}{\sqrt{\xi}} + 2 \cdot \sqrt[3]{-3K}}. \tag{66}$$

Der Bruch wurde zur Abkürzung mit B bezeichnet. Ich habe ihn für 5 bestimmte Phygoiden ausgerechnet, für $K = 1{,}9013$, $-1{,}1263$, $-0{,}5426$, $-0{,}3683$, und 0 (Halbkreis). Hierbei wurden 3 Fälle berücksichtigt, a) $c_{w_{\min}}/c_{w_{\text{phyg}}} = 1$; b) $= 0{,}1$; c) $= 0$. Wie erwähnt könnte dieser Wert in der Praxis von der Größenordnung $0{,}25 \div 0{,}1$ sein. Der Unterschied gegen verschwindenden Minimalwiderstand ist geringfügig. Vor allem aber zeigt sich eindeutig (Abb. 6), daß der ganze scheinbare Vorteil solcher Flugmanöver eben in Wirklichkeit durch den „Umlenkvorgang" mehr als aufgebraucht wird. Es ist eben nicht möglich, die Umlenkzeit wesentlich kleiner als die Fallzeit zu halten, außer bei sehr tiefen Fallhöhen, wo aber auch der Gewinn wieder kleiner ist. De facto würde auf diese immer noch hypothetische Manier zwar wohl der Leistungsbedarf gegenüber der voll ausgeflogenen Schlingenphygoide beträchtlich herabgesetzt werden können. Von einer Verbesserung über den Bedarf des Geradfluges hinaus oder auch nur der schon doppelt so schlechten Halbkreisphygoide kann dagegen gar keine Rede sein. Je größer das Verhältnis Fall : Umlenkzeit ist, um so mehr steigt der Leistungsbedarf über $\sigma = 2$, womit er ungefähr bei Fallzeit 0 beginnt.

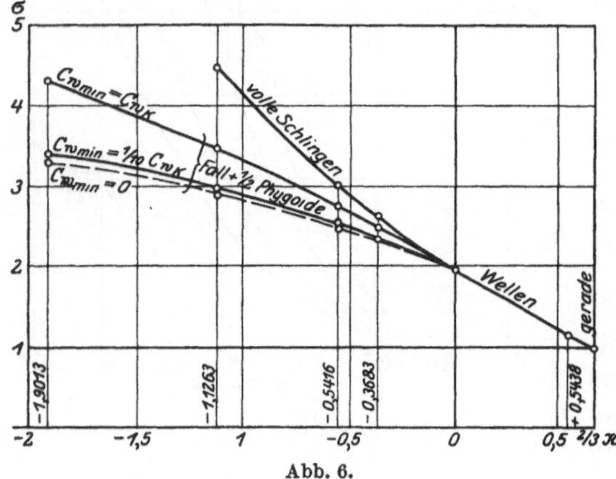

Abb. 6.

Es bedarf aus Gründen der Verwandtschaft der konservativen Phygoiden mit den Gleitschwingungen in diesem Falle wohl kaum eines Beweises, daß bei letzteren der Schaden des Umlenkvorgangs gleichfalls den hypothetischen Nutzen der Steig- und Fallphase überwiegt.

Der Umlenkvorgang im oberen Totpunkt wurde vernachlässigt, da er theoretisch bei der Geschwindigkeit 0 erfolgt. Handelt es sich um die Bewegung eines Massenpunkts, so wird hierzu weder Zeit noch Arbeit benötigt. In Wirklichkeit wäre das Trägheitsmoment des Flugzeugs zu berücksichtigen, doch ist natürlich nicht anzunehmen, daß dies eine nennenswerte Beeinflussung der obigen Schlußfolgerungen herbeiführen würde.

Anstellwinkel stetig periodisch veränderlich.

Wir sehen, die Vernachlässigung des „Umlenkvorgangs" hätte uns zu ganz trügerischen Schlüssen geführt. Wir müssen ihm daher noch ein genaueres Studium widmen.

Gesteuerte Flugschwingungen. Eine eingehendere Berücksichtigung des „Umlenkvorgangs" führt uns zu stetig gekrümmten Flugschwingungen, bei denen der Anstellwinkel periodisch und vor allem stetig nach irgendeiner „Steuerfunktion" abhängig von den übrigen Flugzustandsgrößen geändert wird. Wir fassen folgende Spezialfälle einer solchen Steuerfunktion ins Auge: A. Das Flugzeug sei durch irgendeinen Automaten so gesteuert, daß sein Anstellwinkel eine bestimmte Funktion allein der Geschwindigkeit ist. Im Falle B. sei er dagegen ausschließlich eine Funktion der Bahnbeschleunigung. (Eine Steuerfunktion mit Abhängigkeit vom Bahnerhebungswinkel käme auf dasselbe hinaus, da ja dieser und seine zeitlichen Differentialquotienten im wesentlichen jeweils von der nächsthöheren zeitlichen Ableitung der Geschwindigkeit bestimmt werden, und aus Gliedern mit v und $\dot{v}$ jede beliebige Phasenverschiebung zwischen Steuerfunktion und Flugschwingung zusammengesetzt werden kann.)

Beschränken wir uns vorerst auf die K-Gruppe, die konservativen Schwingungen, und auf die G-Gruppe, die Gleitflüge, so ist klar, daß die Steuerfunktion, wenn sie nur von einer einzigen Variabeln (v) abhängen soll, nur eine ganz bestimmte sein kann, um zu einer stabilen, weder abklingenden noch anwachsenden Schwingung zu gelangen, was ja Bedingung zu einer Beurteilung des Leistungsbedarfs ist. Enthält die Steuerfunktion beide Variabeln (v und v') wie im Falle der Kombination der Spezialfälle A und B, so liefert die Bedingung der Periodizität bzw. Dämpfungslosigkeit eine Gleichung, welcher die Koeffizienten der Steuerfunktion genügen müssen. Bevor der Leistungsbedarf gesteuerter Flugschwingungen bestimmt werden kann, müssen wir diese Bedingungen ermitteln, unter denen allein die Schwingungen ungedämpft verlaufen können. Dies geschieht im folgenden Kapitel.

Lineare Steuerfunktionen bei „kleinen“ Schwingungen. Um den grundsätzlichen Unterschied des Leistungsbedarf gesteuerter Schwingungen gegen den Geradflug zu finden, können wir uns auf die Betrachtung „kleiner“ Schwingungen beschränken. Es liegt im Sinne der Definition „kleiner Schwingungen“ begründet, daß wir uns auf lineare Steuerfunktionen beschränken können. Das sind solche, bei denen die Luftkraftbeiwerte nur von der ersten Potenz der Fluggeschwindigkeit oder ihrer Ableitung abhängen. Im Vergleich mit einer Normalgeschwindigkeit v_0 sei die augenblickliche Geschwindigkeit

$$v = v_0 \cdot [1 + \xi(t)] \tag{67}$$

eine zunächst unbekannte gesuchte periodische Funktion der Zeit. Dabei bleibe ξ im Sinne der „kleinen Schwingungen“ klein gegen 1. Eine Steuerung des Anstellwinkels in Abhängigkeit von v und $\dot{v}$ oder, wie wir auch schreiben können, von ξ und $\dot{\xi}$, bewirkt nun ebensowohl eine von ξ und $\dot{\xi}$ abhängige Veränderlichkeit des Auftriebsbeiwerts c_a wie des Widerstandsbeiwerts c_w. Der Steuereingriff symbolisiert sich sonach durch das Gleichungspaar

$$c_a = c_{a_0}(1 + \lambda\xi + \lambda'\tau\dot{\xi}), \tag{68}$$

$$c_w = c_{w_0}(1 + p\lambda\xi + p\lambda'\tau\dot{\xi}). \tag{69}$$

λ und λ' sind die zunächst willkürlichen konstanten Steuerkoeffizienten. τ ist wie früher die aus Dimensionsgründen abkürzend eingeführte Bezeichnung für v_0/g.

Einführung eines Profilparameters „p“. Die Steuerfunktionen, Gleichung (68) und (69), sind nicht unabhängig voneinander, sondern miteinander gekoppelt in einer Weise, die durch das Polardiagramm des betreffenden Flugzeugs bestimmt ist. Dieser Zusammenhang wird hier durch das Symbol p veranschaulicht. Diese Größe ist danach definiert durch

$$p = \frac{c_{a_0}}{c_{w_0}} \cdot \frac{d c_w}{d c_a} = c'_w \frac{c_{a_0}}{c_{w_0}}. \tag{70}$$

Im Polardiagramm stellt sich p dar als das Verhältnis der Subtangente eines Polarenpunktes zur Abszisse c_w (siehe Abb. 7).

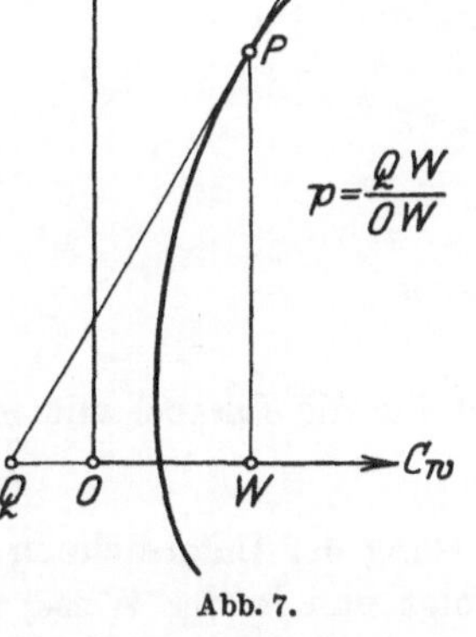

Abb. 7.

Bemerkenswerterweise ist jedoch gerade beim günstigsten Anstellwinkel, nämlich demjenigen des kleinsten Leistungsbedarfs, wo $\mu_0 = c_w/c_a^{3/2} = \min$, das p von der eigentlichen Gestalt der übrigen Polaren gänzlich unabhängig, und zwar ein für allemal $= 3/2$. (Hieraus folgt im übrigen eine sehr einfache Methode zur Auffindung dieses Punktes bei gegebener Polare).

Beweis:

$$\frac{d\mu_0}{dc_a} = \frac{d}{dc_a}\left(\frac{c_w}{c_a^{3/2}}\right) = 0, \tag{71}$$

d. h.

$$\tfrac{3}{2} c_a^{\frac{1}{2}} c_w = c_a^{3/2} \cdot \frac{dc_w}{dc_a} = c_a^{3/2} \cdot c'_w. \tag{72}$$

Dies in Gleichung (70) eingesetzt gibt

$$p = \tfrac{3}{2}. \tag{73}$$

Auch auf den Fall des Gleitfluges (Triebkraft $= 0$) läßt sich diese Überlegung erweitern. Es bezeichne dazu $-\alpha_0$ den Bahnneigungswinkel im Gleitflug, wobei

$$\operatorname{tg}(-\alpha_0) = c_{w_0}/c_{a_0}. \tag{74}$$

So ist nach Gleichung (16) bzw. (17)

$$\mu_g = \frac{c_w}{c_a^{3/2}} \cos^{3/2}\alpha. \tag{75}$$

Dann ist im besten Punkte, wo

$$\frac{d}{dc_a}\left(\frac{c_w}{[c_a^2 + c_w^2]^{\frac{3}{4}}}\right) = 0, \tag{76}$$

also

$$c_w' = \frac{3}{2} \cdot \frac{c_a \cdot c_w}{c_a^2 \cdot c_w^2} \tag{77}$$

und damit nach Gleichung (70)

$$p = \frac{3}{2} \cos^2 \alpha . \tag{78}$$

In erster Näherung kann man p als konstant $= \frac{3}{2}$ bzw. $\frac{3}{2} \cdot \cos^2 \alpha$ annehmen. In zweiter Näherung muß man freilich dem Rechnung tragen, daß p mit c_w vom Anstellwinkel abhängig ist. Dieser Abhängigkeit kann man mit um einen Grad höherer Genauigkeit genügen, wenn man ansetzt:

$$d c_w = \frac{1}{2} \cdot (c_w' + c_{w_0}') \, d c_a . \tag{79}$$

Da ferner

$$d c_a = c_{a_0} \cdot \lambda \, d\xi \qquad \text{und} \qquad d c_w = c_{w_0} \cdot p \lambda \, d\xi , \tag{80}$$

so wird:

$$p = \frac{1}{2} \cdot (c_w' + c_{w_0}') \cdot c_{a_0} / c_{w_0} . \tag{81}$$

Nach der Theorie des induzierten Widerstands sollte günstigenfalls die Polarkurve dort noch ein Parabel sein:

$$c_w = c + \frac{c_a^2}{\pi n} . \quad (n = \text{Seitenverhältnis}) \tag{82}$$

Der Wirklichkeit kommt, da der Profil- und schädliche Widerstand nicht ganz konstant ist, sondern in dem günstigsten Gebiet meist mit c_a steigt, der allgemeinere Ausdruck näher:

$$c_w = c + \frac{c_a^m}{\pi n} , \qquad \text{wobei } m \lesssim 2 . \tag{83}$$

Im Punkte $[c_a^3 / c_w^2]_{\max}$ ist $c_w' = \frac{3}{2} \frac{c_{a_0}}{c_{w_0}}$ und der induzierte Widerstand

$$\frac{c_a^m}{\pi n} = \frac{3}{2m} \cdot c_{w_0} . \tag{84}$$

In Nachbarpunkten dagegen:

$$c_w' = \frac{m \cdot c_a^{m-1}}{\pi \cdot n} = \frac{3}{2} \cdot \frac{c_{w_0}}{c_{a_0}} \cdot (1 + \lambda \xi)^{m-1} , \tag{85}$$

daher:

$$p = \frac{3}{2} \cdot \left(1 + \frac{m-1}{2} \lambda \xi \right) . \tag{86}$$

Also ist:

$$c_w = c_{w_0} \cdot [1 + {}^3/_2 \lambda \xi + \tfrac{3}{4} (m-1) \lambda^2 \xi^2] \tag{87}$$

und für die Parabel mit $m = 2$:

$$c_w = c_{w_0} \cdot [1 + {}^3/_2 \lambda \xi + \tfrac{3}{4} \lambda^2 \xi^2] . \tag{88}$$

Gang der Untersuchung des Leistungsbedarfs gesteuerter Schwingungen. Die Untersuchung erfolgt nun in der Weise, daß aus der Gleichung des bahntangentialen Gleichgewichts unter Vernachlässigung von 2. und höheren Potenzen von α, ξ, α', ξ' der Bahnneigungswinkel α als lineare Funktion von ξ und ξ' dargestellt wird. Dann ergibt sich α' als eine Funktion von ξ' und ξ''. Dies, beides eingesetzt in die Gleichung des bahnnormalen Gleichgewichts, liefert eine Differentialgleichung für ξ, die linear homogen von der 2. Ordnung ist. In dieser muß erstens der Faktor von ξ' gleich 0 gesetzt werden, um die Bedingung der Dämpfungslosigkeit zu erhalten und zweitens müssen die Glieder mit ξ und ξ'' gleiches Vorzeichen haben, damit es überhaupt zu periodischen Bewegungen kommt.

Die Indizes $_0$ sollen stets diejenigen Werte von v, α, c_a, c_w, c_r usw. bezeichnen, welche beim Geradflug, im k-Fall horizontal mit $[c_a^3/c_w^2]_{\max}$, und im g-Fall unter dem ökonomischsten Gleitwinkel entsprechend $[c_r^3/c_w^2]_{\max}$ einander zugeordnet sind.

In den Gleichgewichtsgleichungen des folgenden Abschnitts sind die beiderseits gleichen Glieder, welche diesem $_0$-Fall entsprechen, gegeneinander gestrichen, so daß darin nur mehr die Wirkungen der Abweichung vom Geradflug enthalten bleiben. [N] kennzeichne die Gleichungen des bahnnormalen Gleichgewichts, [T] diejenigen des bahntangentialen.

Die Schwingungsgleichungen in erster Näherung und die Periodizitätbedingungen. Konservativ. Wir wollen uns zuerst mit dem konservativen Fall befassen. Es gilt dann [$\alpha_0 = 0$, rechte Seite von Gleichung (24) $= 0$]:

[N] $$\tau\dot{\alpha} = (2+\lambda)\xi + \tau\lambda'\dot{\xi} \tag{89}$$

[T] $$\alpha + \tau\dot{\xi} = 0 \tag{90}$$

Daraus folgt

$$\alpha = -\tau\dot{\xi} \tag{91}$$

$$\dot{\alpha} = -\tau\ddot{\xi} \tag{92}$$

$$-\tau^2\ddot{\xi} = (2+\lambda)\xi + \tau\lambda\dot{\xi} \tag{93}$$

$$\ddot{\xi} + \frac{\lambda\dot{\xi}}{\tau} + \frac{2+\lambda}{\tau^2}\xi + 0. \tag{94}$$

Hieraus folgt, daß die Schwingung ungedämpft ist, wenn

$$\lambda' = 0, \tag{95}$$

und daß die Schwingungsfrequenz $\underline{\nu}$

$$\nu = \frac{1}{\tau}\sqrt{\lambda+2}, \tag{96}$$

was nur reell ist für

$$\nu > -2.$$

Der Sonderfall $\lambda = 0$, $\nu\tau = \sqrt{2}$ ist der der Lanchesterschen Phygoiden.

Gleitschwingung. ($T_v = 0$, oder allgemeiner $T_v =$ Const., wobei $T_v/g = \sin\alpha_0$ gesetzt sei, und $-\alpha_0$ den Steigwinkel stationären Steigens mit der Triebkraft T_v bedeutet.)

[N] $$-\alpha\cdot\sin\alpha_0 + \tau\dot{\alpha} = \cos\alpha_0\cdot[(\lambda+2)\xi + \tau\lambda\dot{\xi}] \tag{97}$$

[T] $$\alpha\cdot\cos\alpha_0 + \tau\dot{\xi} = \sin\alpha_0\cdot[(p\lambda+1)\xi + p\tau\lambda'\dot{\xi}]] \tag{98}$$

$$\alpha = \xi\,(p\lambda+2)\,\mathrm{tg}\,\alpha_0 + \tau\dot{\xi}\,[-\sec\alpha_0 + p\lambda'\,\mathrm{tg}\,\alpha_0] \tag{99}$$

$$\tau\alpha' = \tau\dot{\xi}\,(p\lambda+2)\,\mathrm{tg}\,\alpha_0 + \tau^2\ddot{\xi}\,[-\sec\alpha_0 + p\lambda'\,\mathrm{tg}\,\alpha_0] \tag{100}$$

$$\begin{aligned}-\xi(p\lambda+2)\sin\alpha_0\,\mathrm{tg}\,\alpha_0 + \tau\dot{\xi}\,\mathrm{tg}\,\alpha_0(1-p\lambda'\sin\alpha_0+p\lambda+2) + \tau^2\ddot{\xi}(-\sec\alpha_0 + p\lambda'\,\mathrm{tg}\,\alpha_0)\\ = \xi(\lambda+2)\cos\alpha_0 + \tau\dot{\xi}\lambda'\cos\alpha_0\end{aligned} \tag{101}$$

$$\begin{aligned}\ddot{\xi} + \frac{\dot{\xi}}{\tau}\,\frac{-(p\lambda+3)\sin\alpha_0 + \lambda'(\cos^2\alpha_0 + p\sin^2\alpha_0)}{1-p'\cdot\sin\alpha_0}\\ + \frac{\ddot{\xi}}{\tau^2}\,\frac{2\cos 2\alpha_0 + \lambda(\cos^2\alpha_0 - p\sin^2\alpha_0)}{1-p\lambda'\cdot\sin\alpha_0} = 0.\end{aligned} \tag{102}$$

Also muß sein:

$$\lambda' = \frac{(p\lambda+3)\cdot\sin\alpha_0}{\cos^2\alpha_0 + p\sin^2\alpha_0}, \tag{104}$$

um Dämpfungslosigkeit zu erreichen, und die Frequenz wird:

$$\nu = \frac{1}{\tau}\cdot\sqrt{\frac{2\cos 2\alpha_0 + \lambda(\cos^2\alpha_0 - p\sin^2\alpha_0)}{1-p\lambda'\cdot\sin\alpha_0}}. \tag{105}$$

Die Schwingungsgleichungen in zweiter Näherung. Nun ist die Frage nach dem Leistungsbedarf dieser kleinen stationären Schwingungen zu beantworten. Es handelt sich dabei, wie schon abgeleitet wurde, um das Integral:

$$\frac{1}{c_{w_0}T}\cdot\int_0^T [c_w(1+\xi)^3 - c_{w_0}]\,dt. \tag{106}$$

Ist dieses negativ, so wäre die betreffende Schwingung ökonomischer als der Geradflug. Ist es positiv, umgekehrt. Nun ist im Bereich der kleinen Schwingungen ξ eine Sinusfunktion der Zeit und ebenso $(c_w/c_{w0} - 1)$. Es geben daher die Glieder, die in ξ ungerader Potenz sind, keinen von 0 verschiedenen Mittelwert, so daß der zu ermittelnde Effekt von der Ordnung ξ^2 ist. Wir sind aber nicht berechtigt die quadratischen Glieder der voraufgegangenen Entwicklungen als hinreichend exakt anzusehen, da wir Glieder derselben Ordnung in der Differentialgleichung gestrichen hatten. Als zweite Näherung müssen wir demnach die quadratischen Glieder der Auftriebsgleichung als Störungsfunktion auffassen und können in diesen allerdings die in erster Näherung richtige harmonische Geschwindigkeitsschwankung einführen.

Der K-Fall. In dieser Schreibweise lautet die Gleichung (94):

$$\ddot{\xi} + \frac{\lambda + 2}{\tau^2}\,\xi = X = \xi_0^2 \cdot \frac{1}{\tau^2}\left[(\lambda + 2)\sin^2 \nu t - \tfrac{1}{2}(\lambda + 2)\cos^2 \nu t - (2\lambda + 1)\sin^2 \nu t\right] \tag{107}$$

oder:

$$\ddot{\xi} + \nu^2 \xi = X = \xi_0^2 \cdot \frac{1}{\tau^2}\left[-\tfrac{3}{4}\lambda + (\tfrac{1}{4}\lambda - 1)\cos 2\nu t\right] = \frac{\xi_0^2}{\tau^2}\left[A + B\cos 2\nu t\right], \tag{108}$$

wobei:

$$\nu^2 \tau^2 = \lambda + 2\,. \tag{109}$$

Im folgenden kommt es aber stets nur auf den zeitlichen Mittelwert von ξ an:

$$\bar{\xi} = \frac{1}{T}\int_0^T \xi\, dt. \tag{110}$$

Dieser findet sich aber leicht durch Integration der Posten von Gleichung (107), deren erster $1/T \int_0^T \ddot{\xi}\, dt$, da der Vorgang in T periodisch sein soll, $= 0$ sein muß. Daher ist:

$$\frac{\nu^2}{T}\int_0^T \xi\, dt = A \cdot \frac{\xi_0^2}{\tau^2}, \tag{111}$$

also:

$$\bar{\xi} = \frac{A \cdot \xi_0^2}{\nu^2 \tau^2} \tag{112}$$

und in diesem (K-)Falle, wo $\nu^2\tau^2 = \lambda + 2$ und $A = -\tfrac{3}{4}\lambda$,

$$\bar{\xi} = -\frac{3\lambda}{4(\lambda + 2)} \cdot \xi_0^2. \tag{113}$$

Das Leistungsintegral, welches den Überschuß der Leistungsvergleichsziffer σ über 1 angibt, ist:

$$\Delta\sigma = \sigma - 1 = \frac{1}{2\pi} \cdot \int_0^{\nu t = 2\pi} \left[(1 + \xi)^3 \cdot (1 + p\lambda\xi) - 1\right] d\nu t\,. \tag{114}$$

Bezeichnet p_1 den ersten Näherungswert für p, so kann man dies schreiben:

$$\Delta\sigma = (p_1\lambda + 4)\,\bar{\xi} + \tfrac{3}{2}\left(1 + p_1\lambda + \tfrac{1}{4}\lambda^2(m - 1)\right)\xi_0^2 \tag{115}$$

(m = Exponent der Polaren).

Im günstigsten Falle ist $p_1 = \tfrac{3}{2}$; dann ist für die parabolische Polare:

$$\Delta\sigma = \tfrac{3}{2}(\lambda + 2)\,\bar{\xi} + \tfrac{3}{2}(1 + \tfrac{3}{2}\lambda + \tfrac{1}{4}\lambda^2)\,\xi_0^2\,. \tag{116}$$

Unter Verwendung der Gleichung (113) ergibt sich somit:

$$\frac{\Delta\sigma}{\xi_0^2} = \frac{3}{2} + \frac{9}{8}\lambda + \frac{3}{8}\lambda^2, \tag{117}$$

wozu infolge Gleichung (109) noch kommt:

$$\frac{T}{\tau} = \frac{2\pi}{\sqrt{\lambda + 2}}. \tag{118}$$

Leistungsmehrbedarf konservativ gesteuerter Schwingungen. Der durch Gleichung (117) und (118) in Parameterform zum Ausdruck gebrachte Zusammenhang zwischen Leistungsbedarfsvermehrung und aufgezwungener Frequenz ist in Abb. 8 dargestellt. Der Punkt $T = 4{,}44 \cdot \tau = \pi \sqrt{2} \cdot \tau$ entspricht mit $\lambda = 0$ den Phygoiden. Deren Leistungsmehrbedarf ist:

$$\Delta \sigma_{\lambda=0} = + \tfrac{3}{2} \cdot \xi_0^2. \tag{119}$$

Wird die erzwungene Schwingung gegenüber der „natürlichen" der Phygoiden beschleunigt, so nimmt der Leistungsmehrbedarf rasch stark zu, wird die Frequenz verlangsamt, so wird er etwas geringer. Fast in dem ganzen Bereich der verlangsamten Schwingungen verläuft die Kurve zwischen $+\frac{3}{2}$ und $+\frac{3}{4}$, um sich diesem letzteren Werte mit Annäherung an die äußerst langsamen Frequenzen $\lambda \sim -2$ asymptotisch zu nähern.

Die Polarkurven der in der Praxis verwendeten Profile können unter Umständen in dem fraglichen besten Bereich etwas von der Parabel abweichen, wenn auch allerdings gerade gute dies nur wenig tun. Die dadurch bewirkte Verzerrung der $\Delta\sigma/\xi_0^2$-Kurve kann man leicht übersehen. Die Kurve, die für eine Polare vom Exponenten $\frac{3}{2}$ gilt, würde sich asymptotisch der Null nähern. Für Exponenten zwischen $\frac{3}{2}$ und 2 liegen die Kurven dann zwischen dieser und der gezeichneten. Die Werte, denen sie sich bei langsamen Schwingungen asymptotisch nähern, sind proportional der Abweichung des Exponenten m von $\frac{3}{2}$. Dies ist auch sehr einleuchtend, denn $m = \frac{3}{2}$ bedeutet ein in eine Gerade gestrecktes Maximum der Steigzahl c_a^3/c_w^2, das heißt, für benachbarte Anstellwinkel bleibt der Leistungsbedarf konstant. Also ist dann auch ein langsamer Schwingungsvorgang ebenso ökonomisch wie der Geradflug. Dieser Fall ist aber so zu deuten, daß er nur deswegen eintritt, weil das Profil im Zusammenwirken mit den schädlichen Widerständen gerade an dem Punkte, wo es am günstigsten sein könnte, beeinträchtigt ist. Kleinere Werte des Exponenten m, bei denen eine Leistungsersparnis („ein Nutzen") gegenüber dem Geradflug aus dem Diagramm erwartet werden müßte, kommen aber nicht in Betracht, weil dann der gemachte Ansatz nicht einem Maximum, sondern einem relativen Minimum von c_a^3/c_w^2 entspräche. Aber für alle stärker gekrümmten Polaren erfordert jede derartige Flugschwingung einen Leistungsmehraufwand, der bei freier Schwingung (Phygoide) $\frac{3}{2}\,\xi_0^2$, bei beschleunigt erzwungener mehr, bei verlangsamt erzwungener weniger, bis herab zu $\frac{3}{4}\left(m - \frac{3}{2}\right)\xi_0^2$ bei äußerst langsamen Schwingungen beträgt. Der kleinste Mehrbedarf ist noch ein wenig kleiner. Er tritt ein für $\lambda = -\dfrac{3}{2\,(m 1)}$, wie man durch Differentiation von Gleichung (117) erkennt.

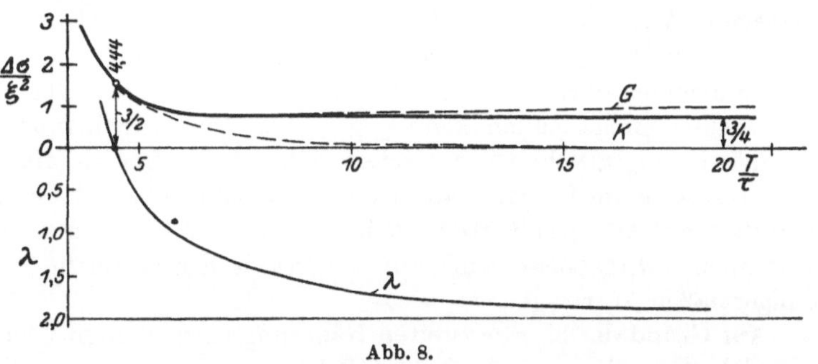

Abb. 8.

Die Phygoide als Spezialfall: Steuerkoeffizient $\lambda = 0$ (ungesteuert). In Gleichung (119) liegt eine Möglichkeit zur Kontrolle einer früheren Rechnung. Es muß sich dasselbe Resultat ergeben, wenn man für die flachen Phygoiden die Leistungsvergleichsziffer σ einmal nach der auf S. 14 und 15 ausgeführten Methode mit Hilfe des Gestaltsparameters K [oder λ[1])] [Gleichung (42) bzw. (32)] und das andere Mal mit Hilfe der Gleichung (119) ausrechnet, wobei man diejenigen Werte von ξ_0 einzusetzen hätte, welche der betreffenden Phygoidenform zukommen. Diese Vergleichsrechnung habe ich für die mit 3 (bei Lanchester mit Nr. 4) bezeichnete Phygoide ausgeführt, obwohl diese Kurve bereits eine sehr ausgeprägte Wellenform besitzt. Unsere Konstante K entspricht in der Bezeichnungsweise von Lanchester dem Ausdruck $C/\sqrt{H_n}$. Er gibt (deutsche Ausg. Bd. II, S. 282) folgende Daten an:

[1]) λ hatte damals eine andere Bedeutung als jetzt.

$H_n = 64$, $H_1 = 25$, $C = 4{,}35$, $H_{min} = 25$ (höchster Punkt), $H_{max} = 113{,}5$ (tiefster Punkt).

Danach ist $K = 4{,}35 : 8 = 0{,}544$ und $\lambda = 1 - \frac{3}{2} K = 0{,}1844$. Für λ nicht allzu verschieden von 0 und bis etwa $\lambda \sim \frac{1}{2}$ ziemlich genau, ist, wie man aus Abb. 2 und 6 ersieht: $\Delta\sigma = \sigma - 1 = \lambda$ also:

$$\Delta\sigma = 0{,}1844. \tag{120}$$

Demgegenüber fußt die andere Rechnung auf den Geschwindigkeitsextremwerten ξ_0. Diese sind freilich in beiden Gipfelpunkten nicht ganz gleich, nämlich:

$$\xi_1 = 1 - \sqrt{N_{min}/N_n} \quad \text{bzw.} \quad \xi_2 = \sqrt{N_{max}/N_n} - 1. \tag{121}$$

Dies ist in Zahlen:

$$\xi_1 = 0{,}375 \quad \text{und} \quad \xi_2 = 0{,}331.$$

Je nachdem ob man hiervon das arithmetische oder das geometrische Mittel vorzieht, ist zu setzen:

$$\xi_0^2 = 0{,}1246 \quad \text{oder} \quad \xi_0^2 = 0{,}1241.$$

Das $\frac{3}{2}$-fache davon muß bei $\lambda = 0$ in Gleichung (119) $\Delta\sigma$ sein. Dies wäre

$$\Delta\sigma = 0{,}1869 \quad \text{bzw.} \quad 0{,}1862, \tag{122}$$

was bis auf 1% mit dem Wert aus Gleichung (120) übereinstimmt.

Zu dem Diagramm Abb. 8 ist noch eine Bemerkung zu machen. Man ist offenbar nicht berechtigt, es beliebig weit nach rechts fortzusetzen. Für $\lambda \sim -2$ muß das Näherungsverfahren versagen. Man erkennt das daran, daß in Gleichung (115) vorausgesetzt ist, daß ξ nicht von der Größenordnung von ξ_0 wird. Dies würde aber bei Annäherung an $\lambda = -2$ eintreten. Man wird annehmen dürfen, daß das Verfahren solange anwendbar ist, als die Amplitude der Oberschwingung einigermaßen klein gegen die Grundschwingung bleibt.

Schwingungsgleichung in zweiter Näherung. Der G-Fall. Es ist noch interessant, nachzuweisen, daß im Gleitflugfalle sich der Leistungsbedarf der gesteuerten Schwingungen nicht merklich anders verhält als im konservativen Falle. Nur wenn dies nicht der Fall ist, sind die gewonnenen Ergebnisse auch auf die Praxis des Motorfluges und des statischen Segelfluges einigermaßen übertragbar.

Auf Grund der bis zur zweiten Näherung entwickelten Gleitflugbedingungen und unter Zugrundelegung einer parabolischen Polaren erhält man ein Diagramm, das den Schaden $\Delta\sigma$ als Funktion des Steuerkoeffizienten λ darstellt.

In Abb. 8 ist der Verlauf dieses Diagramms für den Gleitflug mit parabolischer Polaren gestrichelt gezeichnet. Die zu den Steuerkoeffizienten gehörigen Frequenzen verschieben sich gegenüber dem K-Fall nur unbedeutend. Sodann sieht man noch, daß nur negative Beschleunigungskoeffizienten λ' in Betracht kommen. Das heißt, wenn die Geschwindigkeit im Zunehmen begriffen ist, der Flug also in der steileren Phasenhälfte ist, ist die Steuerung gemäß λ im Sinne einer Anstellwinkelverringerung zu korrigieren. Im übrigen ist aber durchweg die Abweichung der G-Kurve von der entsprechenden K-Kurve nur eine geringe, in der Nachbarschaft der ungesteuerten Schwingungen verschwindet der Unterschied naturgemäß ganz. Bei den verlangsamten Schwingungen ist die Ersparnis an Leistung im Vergleich zum Bedarf der ungesteuerten Schwingung etwas geringer als im K-Fall. An dem qualitativen Ergebnis der Untersuchung für den K-Fall ändert sich also auch für den G-Fall nichts. Der Wert der Gleitzahl selbst ist auf das Ergebnis gleichfalls von sehr geringem Einfluß. Die Kurve wurde mit einer Gleitzahl von 0,1 gerechnet.

Veränderliche Triebkraft. Wie schon bemerkt, steht der Motorflug mit konstanter Triebkraft sowohl hinsichtlich der Form der eintretenden Schwingungen als des Leistungsbedarfs zwischen dem G-Fall und dem K-Fall. Denn bei ihm ist α_0 als Bahnneigungswinkel wohl gleich 0, nicht aber als Verhältnis c_a/c_w. Freilich ist beim Antrieb mittels Benzinmotors und Schraubenpropeller die Triebkraft nicht unabhängig vom Flugzustand. Sie hängt in erster Linie von der Geschwindigkeit ab, wenn die Drosselstellung nicht geändert wird. Da jedoch im allgemeinen diese Abhängigkeit nicht so ist, daß das Antriebsaggregat dem Flugzeug aerodynamisch eine bestimmte konstante Leistung zur Verfügung stellte, so ist man leicht geneigt, anzunehmen, daß hierdurch eine Verschiebung der gewonnenen Resultate über den Leistungsverlust bei Flugschwingungen eintreten könne. Die Frage ist aus dem Grunde von Interesse, weil, wie eingangs erwähnt, in der Tat einige Flieger gewisse Flugschwingungen auszuführen pflegten, wenn es sich darum handelte, das äußerste an Steighöhe aus der Maschine herauszuholen. Dies ist aber nicht eigentlich ein Ökonomieproblem mehr, sondern eine Höchstleistungsaufgabe, bei der die Rücksicht auf den Aufwand keine Rolle spielt, insoweit eben erforderlicher und verfügbarer Aufwand nicht voneinander unabhängig sind. Bleiben wir im System unserer früheren Bezeichnungsweise, so haben wir von dem zeitlichen Mittelwert des Leistungsbedarfs des Fahrtwiderstands denjenigen der aerodynamisch verfügbaren Leistung abzuziehen, um den relativen Leistungsmehrbedarf der Flugschwingung positiv zu erhalten, dem dann positiv eine Gipfelhöhenerniedrigung entsprechen würde.

Infolge der gegenseitigen Kopplung der verschiedenen Einflüsse müssen wir die Änderung des Propellerfortschrittsgrads mit der Geschwindigkeitsänderung, damit die Änderung des Moments, damit der Drehzahl, infolgedessen der verfügbaren Leistung und endlich der Zugkraft berücksichtigen. Wir können dies aber alles zusammenfassen, indem wir das Produkt aus Motorleistung und Propellerwirkungsgrad als eine Funktion der Geschwindigkeit betrachten. Die Entwicklung dieser Funktion nach Potenzen der relativen Geschwindigkeitsabweichung brauchen wir nur bis zum zweiten Gliede zu verfolgen. So schreibt sich die aerodynamisch verfügbare Leistung:

$$L = L_0(1 + \varphi_1 \xi + \varphi_2 \xi^2). \tag{123}$$

Der Wert, der für die Gipfelhöhenerniedrigung maßgebend ist, ist demnach:

$$\Delta \sigma = \frac{1}{T} \cdot \int_0^T (1 + p\lambda\xi)(1+\xi)^3 - (1 + \varphi_1 \xi + \varphi_2 \xi^2)\, dt. \tag{124}$$

Eine Abhängigkeit der Leistung oder des Widerstands von $\dot{\xi}$ ist hier nicht nötig in Rechnung zu ziehen, da dies auf den Mittelwert ohne Einfluß bleiben würde. Da bei Berücksichtigung von Gliedern zweiten Grades $p = p_1 + p_2 \lambda \xi$ geschrieben werden muß, so ist:

$$\Delta \sigma = \bar{\xi} \cdot (p_1 \lambda + 3 - \varphi_1) + \tfrac{1}{2} \xi_0^2 \cdot (3 + 3 p_1 \lambda + p_2 \lambda^2 - \varphi_2). \tag{125}$$

Es ist nun nötig, den Mittelwert $\bar{\xi}$ durch Vereinigung der beiden Gleichgewichtsgleichungen mit Gliedern zweiten Grades als Funktion von ξ_0^2 mit Hilfe von p_1 und p_2 und den Steuer- und Leistungskoeffizienten darzustellen, wobei noch eine Abhängigkeit der letzteren untereinander zum Schluß Berücksichtigung finden muß.

Die Gleichgewichtsbedingungen lauten mit den in Betracht kommenden Gliedern:

$$[N] \qquad -\tfrac{1}{2}\alpha^2 + \tau\dot{\alpha} + \tau\xi\dot{\alpha} - (2+\lambda)\xi + (1 + 2\lambda)\xi^2 + p\lambda'\tau\dot{\xi}, \tag{126}$$

$$[T] \quad \alpha + \tau\dot{\xi} = \varepsilon[-(2+\lambda)\xi - (1+2p\lambda)\xi^2 + \varphi_1\xi - \xi - \varphi_1\xi^2 + \varphi_2\xi^2 + p\lambda'\tau\dot{\xi} - 2p\lambda'\tau\xi\dot{\xi}], \tag{127}$$

wobei $\varepsilon = c_w/c_a$ die Gleitzahl sei.

Von $[N]$ ist der Mittelwert

$$-\frac{\overline{\alpha^2}}{2} + \overline{\tau\xi\dot{\alpha}} = (2+\lambda)\,\bar{\xi} + (1 + 2\lambda)\frac{\xi_0^2}{2}. \tag{128}$$

Die aus $[T]$ folgenden Mittelwerte von $\frac{\alpha^2}{2}$ und $\tau\xi\dot{\alpha}$ in dieses eingesetzt, liefern:

$$\bar{\xi} = \frac{\xi_0^2}{4}\left[-\frac{3\lambda}{\lambda+2} + \varepsilon p_1 \lambda' + \varepsilon^2 \frac{(3 + p_1\lambda - \varphi_1)^2}{\lambda + 2}\right]. \tag{129}$$

Da die Posten mit ε klein gegen den ersten sind, um so mehr als der einzig in Betracht kommende Bereich verlangsamter Schwingungen $\lambda' < \frac{1}{\lambda+2}$ bleiben läßt, so ist das Ergebnis jedenfalls von p, ε und λ' praktisch unabhängig und es ist ziemlich genau

$$\bar{\xi} \sim -\xi_0^2 \frac{\frac{3}{4}\lambda}{\lambda+2}. \tag{130}$$

Dies verwandelt Gleichung (148) in:

$$\frac{\Delta\sigma}{\xi_0^2} = -\frac{3}{4}\lambda\frac{p_1\lambda + 3 - \varphi_1}{\lambda+2} + \frac{1}{2}(3 + 3p_1\lambda + p_2\lambda^2 - \varphi_2). \tag{131}$$

Nun handelt es sich noch um die Bestimmung von p_1 und p_2, d. h. um die Stelle der Polaren, um welche herum der Flugzustand pendelt. Es bewirkt ja doch die Abhängigkeit der verfügbaren Leistung von der Geschwindigkeit, daß beim Motorflugzeug nicht der Punkt des Höchstwertes von c_a^3/c_w^2 der größten Steighöhe entspricht, sondern daß sich das Exponentenverhältnis verkleinert, wenn die Leistung in der Nachbarschaft des mittleren Flugzustandes mit steigender Geschwindigkeit zunimmt.

Es ist also das neue p_1 als Funktion von φ_1 und φ_2 zu ermitteln, welches den Punkt auf der Polaren definiert, in dem der schwingungslose Flug die größte Gipfelhöhe gestattet. Dessen Lage (Index m) relativ zu dem mit $c_v^3/c_{\max}^2$ (Index 0) sei definiert durch eine Fluggeschwindigkeit

$$v_m = v_0(1 + \xi_m) \tag{132}$$

und einen Auftriebskoeffizienten:

$$c_{a_m} = c_{a_0}(1 + \varkappa\xi_m). \tag{133}$$

Damit das Vertikalgleichgewicht erfüllt ist, muß noch bestehen:

$$(1 + \varkappa\xi_m)(1 + \xi)^2 = 1, \tag{134}$$

also

$$\varkappa = -2 + 3\xi_m + \cdots \tag{135}$$

Gesucht wird die durch ξ_m zu kennzeichnende Geschwindigkeit, bei welcher die Differenz von verfügbarer Leistung und Widerstandsleistungsbedarf ΔL zum Maximum wird. Es ist:

$$\Delta L = \varphi_1\xi + \varphi_2\xi^2 - 3\xi - 3\xi^2 - p_{1_0}\varkappa\xi - p_{2_0}\varkappa^2\xi^2 - 3p_1\varkappa\xi^2. \tag{136}$$

Im Ausgangspunkte $c_v^3/c_{w\max}^2$ ist $p_{1_0} = 1\frac{1}{2}$, $p_{2_0} = \frac{3}{4}$. Damit und mit Gleichung (158) ist:

$$\Delta L = \varphi_1\xi + \varphi_2\xi^2 - \tfrac{3}{2}\xi^2. \tag{137}$$

Die Bedingung $\dfrac{d\Delta L}{d\xi} = 0$ liefert:

$$\xi_m = \frac{\varphi_1}{3 - 2\varphi_2}. \tag{138}$$

Im allgemeinen ist φ_2 stets negativ. Dies wirkt ungünstig auf die Leistungsbilanz. Hält man daher φ_2 recht klein, so wird:

$$\xi_m \sim \frac{\varphi_1}{3}. \tag{139}$$

Dann ist p_{1_m} aber auch hinreichend genau bestimmt; denn

$$p_{1_m} = p_{1_0} + p_{2_0}\varkappa\xi_m. \tag{140}$$

Dies ist mit den Werten von Gleichung (158) und (161):

$$p_{1_m} = \frac{3}{2}(1 - \xi_m), \tag{141}$$

bzw. also

$$p_{1_m} = \frac{3}{2}\left(1 - \frac{\varphi_1}{3 - 2\varphi_2}\right), \tag{142}$$

falls $\varphi_2 = 0$, ist einfach

$$p_{1_m} = \frac{3 - \varphi_1}{2}. \tag{143}$$

p_{2m} ist leicht zu finden, weil zwischen p_1 und p_2 überhaupt ein fester Zusammenhang besteht, soweit die Polare durch eine Parabel angenähert werden kann. Diese bisher noch nicht verwendete Beziehung lautet:

$$p_2 = p_1\cdot(2 - p_1). \tag{144}$$

Wir setzen:

$$\varphi_1 = +\tfrac{1}{2},$$
$$\xi_m = +\tfrac{1}{6},$$
$$p_1 = +\tfrac{5}{4},$$
$$p_2 = +\tfrac{15}{16},$$

In unserem Falle ist, wenn φ_2 wieder $= 0$:

$$p_{2_m} = \frac{3}{4} + \frac{\varphi_1}{2} - \frac{\varphi_1^2}{1}. \tag{145}$$

Da eine nennenswerte Größe des (negativen) φ_2 in jeder Beziehung unökonomisch wirken muß, genügt die Kritik des günstigst denkbaren Falles $\varphi_2 = 0$. In diesem Falle aber kürzt sich vermöge Gleichung (166) $p_1 \lambda + 3\varphi_1$ gegen $\lambda + 2$; es ergibt sich, bis auf den Einfluß des Widerstandes (ε) genau dasselbe Resultat wie im konservativen Fall, also

$$\frac{\Delta \sigma}{\xi_0^2} = \frac{3}{2} + \frac{9}{8}\lambda + \frac{3}{8}\lambda^2 + \varepsilon \cdot (+ \cdots) \quad \text{vgl. Gl. (117)} \tag{146}$$

Die Abhängigkeit der Motorleistung vom Flugzustand vermag demnach keine große und vor allem keine günstige Änderung in der Leistungsbilanz zu bewirken. Vielmehr ist im wesentlichen nur die Auftriebssteuerung für dieselbe von Einfluß. Daraus ist zu schließen, daß jene absichtlichen Flugschwingungen mancher Piloten nur in deren Einbildung von Nutzen gewesen sein können. Freilich läßt sich bei geeigneter Wahl der Frequenz (eine geringe Verlangsamung gegenüber der automatisch sich einstellenden Phygoidfrequenz) der Verlust verhältnismäßig klein halten, wenn nur nicht die Amplituden zu groß gemacht werden.

Allerdings würde eines noch evtl. jenen Flugzeugführern Recht geben können, wenn nämlich die Motorleistung nicht nur vom Flugzustand, sondern gar auch von der Dauer einer etwaigen Überlastung, vielleicht infolge von Rückwirkungen auf das unter Umständen ziemlich empfindliche Temperaturgleichgewicht in der Kühlung abhängen würde. Ein solcher Zusammenhang, dessen praktische Möglichkeit hier nicht diskutiert werden soll, führt uns aber bei seiner Übertragung auf motorlosen Flug bereits zum Segelflug, dessen Merkmal eben gerade ist, daß die Flugarbeit aus einer Quelle gedeckt wird, deren Ergiebigkeit von anderen Faktoren als vom Flugzustand abhängig veränderlich sein soll.

D. Segeleffekte, ihr Mechanismus und ihre Leistungsbilanz.

Nachdem wir nunmehr einige Klarheit darüber gewonnen haben, inwieweit der Flugleistungsbedarf durch irgendwelche Flugmanöver beeinflußt werden kann, sind wir jetzt so weit, die Vorgänge des Segelfluges und die Möglichkeit seiner Nachahmung zu untersuchen. Hierzu können wir an Hand von Erfahrungen über die meteorologisch erforschten Energievorräte der Atmosphäre den gewinnbaren Segeleffekt berechnen und zu dem Flugleistungsbedarf, der vom Flugzeug aufgewendet werden muß, ins Verhältnis setzen, oder wir können auch danach fragen, welche Anforderungen an die Windstruktur gestellt werden müßten, um den Energiebedarf des Fluges unter den verschiedenen Bedingungen aus atmosphärischer Energie zu decken, und dies mit den meteorologischen Beobachtungstatsachen vergleichen. Wir werden dabei uns an die auf S. 17 getroffene Einteilung der Segeleffekte in drei Spezialfälle halten, deren Zusammenwirken dann die Mannigfaltigkeit der tatsächlichen Erscheinungen ausmacht.

Statischer Segelflug.

Aufwind und Sinkgeschwindigkeit. Wie eine einfache Betrachtung über die Relativität der Bewegung von Luftfahrzeug, Luft und Erde erweist, ist die Einwirkung einer konstanten, vertikalen Windgeschwindigkeitskomponente w_z gleichbedeutend mit ständiger Zufuhr von potentieller Energie. Am einfachsten veranschaulicht man sich die Verhältnisse, welche in einem aufsteigenden Luftstrom für ein darin fliegendes Luftfahrzeug gegeben sind, indem man die Fluggeschwindigkeit, Flugneigungswinkel usw., kurz alle aerodynamisch eine Rolle spielenden Größen in einem Koordinatensystem mißt, dessen Ursprung in dem Luftstrom verankert gedacht wird. Es ist klar, daß der Leistungsgewinn des Flugzeugs aus einem aufsteigenden Luftstrom von der Vertikalgeschwindigkeit w_z gleich $G \cdot w_z$ ist, wenn G das Fluggewicht ist. Diese Leistungsersparnis fällt offenbar um so mehr in die Wagschale, je kleiner der aerodynamische Leistungsbedarf $G \cdot v_z$ des Flugzeugs war. Von diesem haben wir auf S. 9,

Gleichung (4) erkannt, daß er um so geringer ist, je kleiner einerseits die spezifische Flächenbelastung, andererseits der Wert $c_w/c_r^{3/2}$ ist, bzw. das Minimum, das er bei der betreffenden Tragwerksanordnung annehmen kann. Ist die Aufwärtsgeschwindigkeit des Windes stärker als die minimale Sinkgeschwindigkeit des Flugzeugs, so ist dasselbe in diesem Winde segelfähig. Bei der Auswahl des Flügelprofils für ein Flugzeug, das vornehmlich dazu bestimmt ist, vertikale Windkomponenten auszunutzen, ist daher auf einen möglichst guten Bestwert von c_r^3/c_w^2 zu achten und darauf, daß dieser Wert in der Nachbarschaft des günstigsten Anstellwinkels nicht allzu rasch abnimmt.

Navigatorische Rücksichten. Bei Segelflügen am Berghang im Aufwind der Luvseite ist jedoch daneben noch ein anderer Umstand zu beachten. In der Nachbarschaft des Hanges wird die Vertikalkomponente des Windes im allgemeinen im Zusammenhang stehen mit der Horizontalkomponente. An einem glatten Abhang werden die Stromlinien nicht viel anders als parallel zum Hang verlaufen können. Ein Flugzeug, könnte z. B. sich in einem Hangwind, dessen Vertikalkomponente gleich oder gar ein wenig größer wäre als seine Mindestsinkgeschwindigkeit, doch nicht mehr auf gleicher Höhe halten, wenn es dazu eine Fluggeschwindigkeit einhalten müßte, die kleiner wäre als die Windgeschwindigkeit. Es würde dann gegen den Berg zurückgetrieben werden, und könnte gar nicht so starten. Es müßte mit einer größeren Geschwindigkeit als der ökonomischsten fliegen, und dann würde der Energiegewinn aus dem Aufwind eben nicht mehr voll ausreichen. Will man also auch an flachen Hängen bei starken Winden segelfähig sein, so muß man bei der Profilwahl nicht zu sehr ins Extrem allzu kleiner Fluggeschwindigkeiten gehen.

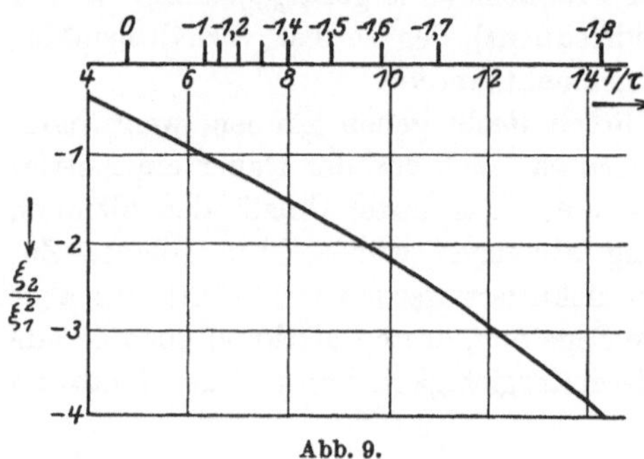

Abb. 9.

Spaltflügel. Andererseits sind für solche Fälle, in denen diese Rücksichten nicht ins Gewicht fallen, gewisse neuere Vorschläge von Bedeutung, deren Zweck es ist, die untere Grenze der möglichen Fluggeschwindigkeiten noch weiter als früher hinabzudrücken. Es sind dies die geschlitzten Flügel nach Lachmann und Handley Page. Die Nachrechnung der Meßergebnisse an einer größeren Anzahl solcher Flügelformen hat ergeben, daß infolge ihres im Verhältnis zu ihrem Ausmaß größeren Widerstands im allgemeinen günstigere Werte von c_r^3/c_w^2 bei ihnen noch nicht gefunden worden sind, soweit es sich um Flügel allein handelt. Ist jedoch der Widerstand des Flügels nicht der Hauptanteil des gesamten Widerstands, kommt insbesondere noch ein Rumpf und andere luftwiderstandsschädliche Teile in nicht besonders guter Formgebung hinzu, so wird der geschlitzte Flügel hinsichtlich des Bestwertes von c_r^3/c_w^2 dem normalen Profil einigermaßen gleichwertig. Er wird ihm dann aber hinsichtlich der Breite des Maximums leicht überlegen, d. h. in der Nachbarschaft des günstigsten Anstellwinkels fällt der Wert dann etwas weniger rasch ab. Der günstige Winkelbereich ist größer. Dies kann unter Umständen gerade dann von gewissem Nutzen werden, wenn neben dem Aufwind noch dynamische Segelmanöver ausgenutzt werden sollen, und vor allem wenn der Spalt verschließbar ausgebildet wird.

Der theoretische Bestwert der Steigzahl als Funktion von Seitenverhältnis und schädlichem Widerstand. Der Bestwert der Steigzahl c_a^3/c_w^2, der von irgendeiner Flugwerksanordnung überhaupt erreicht werden kann, läßt sich übrigens in einer einfachen Beziehung als abhängig von nur zwei Merkmalen des Flugwerks angeben, nämlich von dem wirksamen Seitenverhältnis n einerseits und dem minimalen schädlichen Widerstandskoeffizienten andererseits (c_0). Diese Beziehung lautet

$$[c_a^3/c_w^2]_{\max} = \frac{\sqrt{27\,\pi^3}}{16} \cdot \sqrt{\frac{n^3}{c_0}} = \sim 1{,}81 \sqrt{\frac{n^3}{c_0}}. \tag{147}$$

Sie folgt unmittelbar aus der Annahme eines quadratisch vom Auftrieb abhängigen induzierten und eines beim günstigsten Anstellwinkel noch hinreichend konstanten schädlichen Widerstands. Für die Erreichung eines hohen Steigwertes ist danach ein gutes Seitenverhältnis von ausschlaggebender Bedeutung. Allerdings findet dies sehr bald darin seine Grenze, daß bei zu gutem Seitenverhältnis der zur Verwirklichung dieses theoretischen Bestwertes nötige Auftriebskoeffizient auch stark wächst und bald nicht mehr oder wenigstens nicht ohne erhebliche Zubuße an schädlichem Widerstand erreicht werden kann.

Die Zahlenwerte, welche nun die Praxis wirklich erreicht, sind kurz zusammengefaßt etwa folgende: Die Segelvögel haben bei Fluggeschwindigkeiten von etwa 6 bis 25 m/sec und Gleitzahlen von etwa 1 : 8 bis 1 : 25 Sinkgeschwindigkeiten von etwa 0,25 bis 2 m/sec. Größer als dies braucht also die vertikale Windkomponente aufwärts nicht zu sein, um diesen Tieren ein statisches Schweben ohne Flügelschlag zu ermöglichen.

In der Praxis erreichte minimale Sinkgeschwindigkeit. Moderne Motorfluzeuge haben Gleitzahlen bis etwa 1 : 10, aber bei ihren zugehörigen hohen Fluggeschwindigkeiten würden sie Aufwindkomponenten von der Größenanordnung 3 bis 8 m/sec erfordern, wenn sie bei ausgeschaltetem Motor nicht Höhe verlieren sollten. Dagegen haben die Wettbewerbe für motorlose Flugzeuge, welche seit 1920 veranstaltet worden sind, einsitzige motorlose Apparate entwickelt, deren spezifischer Leistungsbedarf den der größeren Segelvögel kaum mehr übersteigt. So wurden Flächenbelastungen bis herunter zu 7 kg/qm und Fluggeschwindigkeiten bis hinab zu 10 m/sec, und Gleitzahlen bis zu 1 : 20 erreicht. Die Sinkgeschwindigkeit der besten Segelflugzeuge ist von der Größenordnung $\frac{1}{2}$ bis $\frac{3}{4}$ m/sec. Wenn auch stets schwer zu beurteilen ist, bis zu welchem Grade dynamische Effekte bei Segelflügen mitgewirkt haben können, so ist doch sicher, daß bei zahlreichen der motorlosen Wettbewerbsflüge im Rhöngebirge, an der Kurischen Nehrung, in England, Frankreich, Biskra (Nordafrika) und in der Krim eine Konstanthaltung der Flughöhe lediglich durch Ausnutzung vertikaler Windkomponenten bemannten motorlosen Flugzeugen stundenlang geglückt ist.

Eine wissenschaftlich sicherere Beurteilung dieser Erfolge wäre jedoch an gleichzeitige umfangreiche, zuverlässige Winduntersuchungen gebunden. Diese stecken noch in den Anfängen. Einwandfreie Windvektormessungen sind überhaupt ein noch nicht vollkommen gelöstes Problem. Die Messungen, die bisher über die vertikalen Komponenten der Luftbewegungen gemacht worden sind, verdienen daher von diesem Standpunkte eine besonders vorsichtige Kritik.

Windauflenkung durch Gebirge. Einen gewissen Überblick über die möglichen Stärken von vertikalen Strömungen gewinnen wir bereits aus Überlegungen über die Ursachen, welche den Anlaß zu ihnen geben können. Der vielleicht einfachste Fall der Hervorrufung vertikaler Luftstromkomponenten in ausgedehnterem Gebiet liegt vor, wenn eine ausgedehnte, verhältnismäßig glatte, d. h. wenig zerklüftete Hinderniskette (Dünen, Gebirgskamm) einen vorher auf Luv unbehinderten Wind nach oben ablenkt. Es ist nun wissenswert, wie hoch der Einfluß eines derartigen Windhindernisses hinaufreicht. Einen etwas idealisierten, besonders einfachen Fall einer solchen Strömung hat I. Ackeret untersucht und nachgewiesen, daß für eine Profilform des Hindernisses nach der Gleichung:

$$x = y \cdot \operatorname{cotg} \frac{y}{h} \pi , \tag{148}$$

das also aus der Höhe h erst allmählich, dann immer steiler gegen den Wind abfällt und dessen Wirkung durch einen Quellfaden ersetzt werden kann, die Orte gleicher Vertikalgeschwindigkeitskomponenten lauter Kreise sind, welche alle im Quellursprung ($x = 0$, $y = 0$) die Horizontale berühren, welcher Punkt im übrigen um h/π innerhalb des Hindernisbeginns gelegen ist. Dieser selbe Abstand ist es auch, welcher mit dem Verhältnis der Windstärke zur Sinkgeschwindigkeit multipliziert, die Gipfelhöhe für statischen Segelflug des betreffenden Flugzeugs über dem Windhindernis angibt. Man sieht daraus, daß die Gipfelhöhe leicht ein Vielfaches der Hindernishöhe werden kann. Bei 15 m/sec Wind ist die Gipfelhöhe für ein Flugzeug von der Sinkgeschwindigkeit $\frac{3}{4}$ m/sec bereits mehr als das 6fache der Berghöhe. Das Maximum der Aufwindstärke liegt senkrecht über dem Quellfaden. Daher ist das Manöverieren in der Nähe der Gipfelhöhe schwierig. Um immer im besten Gebiet zu bleiben, muß der Segler immer noch etwas Reservegeschwindigkeit gegen die Windstärke behalten und diese zum seitlichen Hin- und Herkreuzen längs des Hanges verwenden. Diese Überlegungen sind auch quantitativ in plausibler Übereinstimmung mit den bisherigen praktischen Segelflugerfahrungen. Zum Beispiel wurden am 24. August 1922 Höhen von ca. 330 m über dem Kamm der Wasserkuppe bei 7 bis 10 m/sec Windstärke von 2 Flugzeugen ohne Motor (Martens und Thomas) längere Zeit innegehalten. Dieser Berg erhebt sich etwa 400 m über die luvseits vorgelagerte Landschaft. Die theoretische Gipfelhöhe bei angenommener Gültigkeit der obigen Spezialisierungsbedingungen wäre also noch beträchtlich höher zu suchen. Aber einmal gibt die unregelmäßige Profilform und endliche Breite des Berges zu einer weniger vorteilhaften Strömung Anlaß, und aus navigatorischen Gründen mag es auch den Fliegern nicht geglückt sein, ständig den günstigsten Anstellwinkel aufrecht zu erhalten und hinreichend nahe an der besten Aufwindzone zu bleiben.

Kessel. Die Aufwärtsablenkung des Windes durch ein topologisches Hindernis kann aber auch lokal noch beträchtlich größere Beträge annehmen, wo es sich nicht um ein ebenes Problem handelt, sondern wo auch seitlich etwa über einem Kessel zwischen zwei vorspringenden Gebirgszungen die Strömung verengt und zum beschleunigten Ausweichen nach oben gezwungen wird. Dieser Fall lag z. B. bei dem Wettbewerb in Itford Hill (England) und bei denjenigen in Biskra (Marokko) (1923) vor, bei denen es im ersten Falle Maneyrol gelang, mit einem Tandemeindecker über 3 Stunden motorlos zu schweben, obwohl sein Flugzeug durchaus keine geringe Sinkgeschwindigkeit hatte, dafür aber eine große Steuerbarkeit; während im zweiten Falle Thoret mit einem normalen, aerodynamisch keineswegs modernen Motorflugzeug mit abgestelltem Motor 7 Stunden und selbst einmal anderthalb Stunden mit Passagier vom Windstrahl getragen wurde.

Flachhang. An nicht zu plötzlich ansteigenden Hindernissen kann man dagegen annehmen, daß die Stromlinien des Windes der Kontur des Erdbodens ohne besondere Störung folgen werden. Dann aber führt auch schon ein Neigungswinkel von etwa 6^0 bei Windstärken von etwa 7 m/sec, also kaum mehr als der durchschnittliche, zu Aufwindkomponenten von $\frac{3}{4}$ m/sec, wie sie dem guten Segler genügen.

Allerdings können, worauf Exner hingewiesen hat, stärkere aufsteigende Strömungen kaum von großer Ausdehnung sein, insbesondere nicht größere Höhe erreichen, ohne daß beträchtlicher Niederschlag ausfällt oder Wolkenbildung eintritt. Umgekehrt können aber unter Umständen auch gerade Kumuluswolken als Wegweiser zu Aufwindgebieten dienen. Die Strahlung beeinflußt die Temperaturverteilung in der Atmosphäre statisch labilisierend, indem sie den vertikalen Temperaturgadienten über den adiabatischen hinaus vergrößert. Irgendeine kleine Störung vermag aber dann eine mehr oder minder plötzliche Schichtenumlagerung herbeizuführen, wobei allerdings in zeitlich und örtlich beschränktem Umfange recht erhebliche Aufwärtsströmungen hervorgerufen werden können.

Thermischer Aufwind. Außer derartigen plötzlichen Umlagerungen können auch stetig Aufwärtsströmungen infolge Wärmeausstrahlung am Boden eintreten, nämlich über Bodenstellen deren Ausstrahlung die ihrer Umgebung überwiegt. Der durch den Wärmeübergang erzeugte Auftrieb ist zwar nur klein gegen die Schwere. Trotzdem kann er erhebliche Vertikalgeschwindigkeiten verursachen, nämlich so viel, bis sich ein komplizierter Gleichgewichtszustand zwischen ihm und der Reibung der steigenden und fallenden Luftsäulen und zwischen der abgeführten und der zugestrahlten Wärme einstellt. Wenn diese Reibungen bei großen Strömungsquerschnitten klein sind, kann man die Vertikalgeschwindigkeiten lediglich nach dem Strahlungs-Konvektions-Gleichgewicht abschätzen. Die von der Sonne zugestrahlte Wärmemenge beträgt nach Abbot und Fowle 1,93 cal/min-cm² des Erdquerschnitts, für die gesamte Erdoberfläche also im Mittel den vierten Teil davon. Dieselben Autoren schätzen die Albedo der Erde samt Atmosphäre zu $37\,^0/_0$ und die atmosphärische Absorption zu $10\,^0/_0$, so daß etwa $Q = \sim 1{,}1$ cal/min-cm² auf äquatoriale Gegenden treffen. Diese Wärmemenge würde ein Luftstrom von der Geschwindigkeit v wegführen, wenn

$$Q = c_p \varDelta t \cdot v \cdot 6000\,, \tag{149}$$

wenn v in m/sec zu messen ist und $\varDelta t$ die Erwärmung der Luft an der warmen Fläche. Lassen wir die Frage offen, unter welchen Bedingungen der Wärmeaustausch zwischen Boden und Luft hinreichend rasch die zugestrahlte Wärmemenge in den Querschnitt der Strömung befördern kann, so ergibt sich mit $c_p \sim 1{,}85 \cdot 10^{-4}$ cal/cm³:

$$v \sim \frac{1}{\Delta t}. \qquad (150)$$

Kaminwirkungen von der Geschwindigkeit von der Größenordnung von 1 m/sec würden also mit der Strahlung bereits bei 1° Erwärmung der Luft am Boden im Wärmegleichgewicht sein können. Diese Werte freilich sind dann Tag- und Nacht-Mittelwerte bei klarem Wetter in äquatorialen Gegenden, wie sie an besonders heißen Tagen wohl auch in mittleren Breiten erreicht, in heißen Gegenden ohne Zweifel erheblich überschritten werden können.

Aufwindmessungen. Experimentell hat sich besonders P. Idrac eingehend mit der Messung der vertikalen Windkomponente befaßt. Er berichtet über Messungen bei Dieppe, wo er vorher sorgfältig austarierte Pilotballons aufsteigen ließ, und sie alle 3 Sek. photographisch anvisierte. Aus den Aufnahmen berechneten sich die Steiggeschwindigkeiten der angetroffenen Luftströmungen zu 3 bis 4 m/sec. Er propagiert sodann die stereokinematographische Erweiterung der Methode, um sie auf Schiffen an den Stellen anzuwenden, wo Möwen segelnd diese begleiten, und wo er aufsteigende Äste von aufsteigenden Strömen nachgewiesen hat, die am Schiff selbst ihren Ursprung haben.

Später hat Idrac die Messungen in der Gegend von Dakar (Guinea) wieder aufgenommen, wobei Drachen mit Anemometern in die Höhen, wo Geier segelten, geführt wurden. Allerdings wurde teilweise auch eine Windfahnenmethode zu Hilfe genommen, deren Zuverlässigkeit mangels einer Angabe über die Methode der Mittelwertsbildung sich der Beurteilung entzieht. Für Beobachtungen in größeren Höhen und Entfernungen wurde die Sondierballonmethode beibehalten. Es wurden sowohl Gebiete steigender wie fallender Strömung gefunden. Diese Gebiete sind teilweise stationär, teilweise läßt sich ihre Zugrichtung beobachten. Die segelnden Vögel hielten sich stets in den Aufwindgebieten auf, und reisten mit den weiterziehenden mit. Abwindgebiete kreuzten sie rasch und geraden Kurses. Die von Idrac beobachteten Vögel segelten anscheinend ausschließlich statisch. Dynamische Manöver hat er nicht bemerkt. Die vertikale Windstärke gibt er auf Grund der allerdings noch nicht sehr umfangreichen Meßreihen zu

	∼ 0,5 m/sec	bei	7 bis	8 m/sec	Horizontalwind
und zu	∼ 1,6 „	„	24 „	28 „	„

an den Stellen, wo die Geier waren, an; freilich mit dem Vorbehalt, daß diese Angaben nur den Anspruch auf erste Annäherung aus orientierenden Vorversuchen erheben können. Jedenfalls scheint die Existenz so starker Aufwärtsströmungen, daß sie zum statischen Segelflug der Vögel unter Umständen ausreichen können, experimentell erwiesen.

Georgii versucht auf thermodynamischem Wege die Windbeeinflussung durch Gebirge zu untersuchen[1]). Auf Grund statistischen meteorologischen Materials wird angegeben, daß die Temperaturinversion über Gebirgen im Mittel 30% der Bergerhebungshöhe über den Gipfel hinaufreicht, welche „Einflußhöhe“ im Einzelfalle vom Tagestemperaturgradienten der freien Atmosphäre in der Vertikalen abhängt. Wenn auch diese Beobachtungen zur Ermittlung der Gipfelhöhen für den statischen Gebirgssegelflug nicht ausreichen können, so ist doch darin die Anregung wichtig, die experimentelle Erforschung des Windfeldes eines Gebirges durch die (verhältnismäßig leicht mögliche) Ausmessung des räumlichen Temperaturfeldes zu erleichtern, da der vertikale Temperaturgradient des ankommenden Windes naturgemäß durch die erzwungene Aufwärtslenkung gestört wird.

Aufwind an einer Rauhigkeitsgrenze. Es wurde schon darauf hingewiesen, daß auch in dem vertikalen Geschwindigkeitsgefälle, das die Bodenreibung im Winde hervorruft, zum Segelflug nutzbare Energie enthalten ist. Es leuchtet ein, daß ein willkürlich gesteuertes Flugzeug, im Gegensatz zu den dem Zufall überlassenen Luftteilchen selbst, diese Energie erfassen und in Hubarbeit umwandeln kann. Hierzu sind aber dynamische Manöver nötig. Dagegen

[1]) Die seit Abschluß dieser Arbeit (1923) erschienenen wertvolle Arbeiten über diesen Gegenstand konnten leider nicht mehr Berücksichtigung finden.

kann auch eine Aufwärtslenkung der Luft und damit ein statischer Segelflug durch die Bodenreibung des Windes ermöglicht werden, dort nämlich, wo die Rauhigkeit der Bodenfläche in Windrichtung zunimmt. Zu diesem Schluß führt schon die Überlegung, daß infolge der nach Lee des Hindernisbeginns zunehmenden Grenzschichthöhe die Horizontalgeschwindigkeit abgebremst erscheint, wenn man in konstanter Höhe über dem Boden mit dem Winde fortschreitet. Die abgebremsten unteren Luftmassen müssen aus Kontinuitätsgründen ausweichen und haben nur nach oben frei. Eine Abschätzung dieses Effekts ist leicht möglich für den Fall, daß der Wind erst über eine große Fläche sehr geringer Rauhigkeit hinströmt und an einer bestimmten Stelle die Grenze eines folgenden Gebietes relativ großer Rauhigkeit überschreitet (Meer + hüglige Küste oder Tiefebene + Waldplateau). Die Rauhigkeitsgrenze gibt Anlaß zu einer in Windrichtung höher werdenden Grenzschicht, in der sich die Zunahme der Windstärke von Null bis auf den vollen Wert abspielt. Läßt man die Reibung auf der glatten Anlaufstrecke außer acht, so ist nach v. Kármán die Horizontalkomponente u der Geschwindigkeit in der Höhe z innerhalb der Grenzschichtdicke δ, im Vergleich zu der ungestörten Geschwindigkeit U der großen Höhe gegeben durch

$$u = \left[\frac{z}{\delta}\right]^{1/7} \cdot U. \tag{151}$$

Die Grenzschichtdicke δ nimmt mit der horizontalen Entfernung x von ihrem Ursprung in Windrichtung gemessen zu nach dem Gesetz:

$$\delta = C \cdot x^{4/5}. \tag{152}$$

Setzt man die als Folge der Vertikalbewegung einsetzende Dichtenänderung der Luft als klein voraus, daß sie nicht wesentlich auf die entstehende Vertikalbewegung zurückwirkt, so wird der Zusammenhang zwischen horizontaler (u) und vertikaler (v) Geschwindigkeitskomponente beherrscht durch die Kontinuitätsgleichung:

$$\frac{\partial u}{\partial x} = -\frac{\partial v}{\partial z}, \tag{153}$$

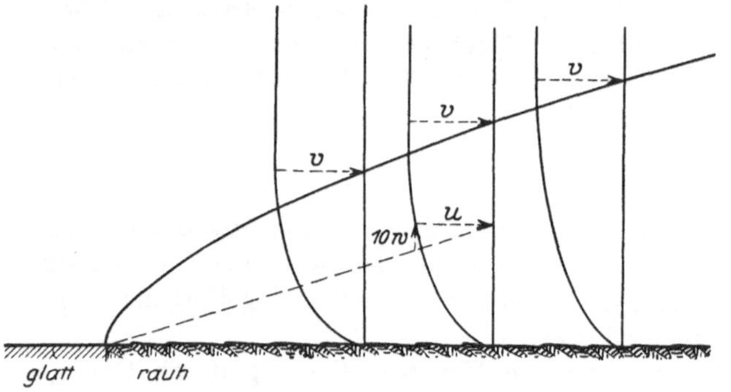

also

$$v = -\int_0^z \frac{\partial u}{\partial x}\, dz, \tag{154}$$

$$v = -U \cdot \int_0^z \frac{\partial}{\partial x}\left[\frac{z^{1/7}}{C^{1/7} \cdot x^{4/35}}\right] dz, \tag{155}$$

$$v = -\frac{4}{35} \cdot \frac{U}{C^{1/7}} \cdot \int_0^z \frac{z^{1/7}}{x^{39/35}} \cdot dz, \tag{156}$$

$$v = -\frac{1}{10} \cdot \frac{U}{C^{1/7}} \cdot \frac{z^{1/7}}{x^{39/35}}. \tag{157}$$

Abb. 10.

Da nun nach Gleichung (151) und (152)

$$\frac{U}{C^{1/7}} = \frac{u \cdot x^{4/35}}{z^{1/7}},$$

so ist

$$v = -\frac{1}{10} \cdot \frac{z}{x} \cdot u, \tag{158}$$

v/u ist der Tangens der Windelevation. Er ist also an jedem Orte innerhalb der Grenzschicht zehnmal kleiner als die Neigung der Verbindungslinie dieses Ortes mit dem Beginn des Hindernisses. In Abb. 10 ist ein Beispiel skizziert. Darin bedeutet G die Begrenzung der Grenzschicht, außerhalb deren merklich $u = U$, ist, während v wieder allmählich abnimmt. An den Stellen x_1, x_2, x_3 sind die Horizontalgeschwindigkeitsprofile $u\ (z)_{x=\text{const}}$ gezeichnet. Dann ergibt sich v in einem zehnmal größeren Maßstabe als u als die gepfeilte Strecke, indem man vom zum Störungsorte P zugehörigen Punkte Q der Horizontalgeschwindigkeitsprofilkurve bis zur Verbindungslinie vom Orte P zum Hindernis O hinunterlotet. Einleuchtend ist, daß die Vertikalkomponente unmittelbar über Lee des Hindernisses am fühlbarsten sein muß.

Böenausnutzung.

Dynamischer Segelflug. Die Ausnutzung der Energie aufsteigender Ströme erfolgt ohne weiteres bereits im statischen Gleichgewicht, weshalb wir diesen Effekt als statischen Segelflug bezeichnen. Im Gegensatz dazu definierten wir als dynamischen Segelflug die Erfassung der Relativenergie von Windverschiedenheiten, also Flugvorgänge, die (vom Boden ausbetrachtet) nicht stationär sind, sondern bei denen Massenwirkungen eine für den Erfolg wesentliche Rolle spielen. Da auch örtlich stationäre Windverschiedenheiten (allerdings mit Ausnahme des gesondert zu behandelnden Wolfmüllerschen Vorschlags) das Flugzeug auch stets in zeitlicher Folge treffen, so sei zuerst der Einfluß der zeitlichen Windschwankungen (Böen) auf die Gleichgewichtsbedingungen und den Leistungsbedarf des Fluges untersucht.

Die zahlreichen Erklärer des Mechanismus des dynamischen Segelfluges gehen in ihren Ansichten vielfach stark auseinander. Insbesondere messen sie den verschiedenen Phasen der mannigfachen Flugmanöver der Segelvögel, welche zusammen die Fülle des Beobachtungsmaterials ausmachen, jeder eine andere Bedeutung bei. Lanchester z. B. erscheint die longitudinale (in Kursrichtung fallende) Komponente der Böigkeit die wichtigste und ergiebigste, während er die Annahme ablehnt, daß etwa das viel beschriebene „Kreisen" zum Segelflugphänomen in irgendeiner Beziehung stehe, sondern überzeugt ist, daß dieses von den Vögeln nur ausgeführt wird, um in ihrem Jagd- oder Heimgebiet zu bleiben. Andere wieder (namentlich Joukovsky, v. Parseval Marey u. a.) finden, daß gerade in der kreisenden Bewegung das wichtigste bzw. ergiebigste Segelmanöver zu erblicken sei. Alexandre Sée bemüht sich zu zeigen, daß lediglich die gerade quer zur momentanen Flugbahn gerichteten Windschwankungskomponenten von Bedeutung sind und durch seitliche Bewegungen nutzbar gemacht werden, und er behauptet, daß daneben alle übrigen atmosphärischen Energiequellen gar nicht in Betracht kämen und vom Vogel jedenfalls nicht benutzt würden. Knoller und Betz sowie Katzmayr studieren speziell den Einfluß der vertikalen Richtungsschwankungen des Windes.

Die Unsicherheit der Vogelbeobachtungen gestattet weder zu widerlegen, noch zu beweisen, daß das eine oder das andere dieser Manöver das häufigste sei. Am besten ist es, auf einseitige Beschränkung zunächst zu verzichten und erst einmal den ganz allgemeinen Fall der raumschiefen Böigkeit zu formulieren, um einen tieferen Einblick in die Wichtigkeit der Spezialfälle zu erhalten.

Allgemeiner Fall der Bö. Die Regellosigkeit der Böen ist beschränkt durch die Kontinuitätsbedingungen der Relativbewegung von Luft und Erde. Für die Relativbewegung zwischen Luftfahrzeug und Luft aber ist folgendes zu bedenken. Wohl muß der zeitliche Mittelwert der Flug-(Eigen-)Geschwindigkeit konstant blieben. Doch ist die freie Wahl des Kurses nur in der Vertikalen beschränkt, soweit der Segler eben oben bleiben will. In der horizontalen Ebene aber ist ja volle Freiheit der Kurswahl vorhanden. Daher ist von einem mitfliegenden Koordinatensystem aus betrachtet, der zeitliche Mittelwert der am jeweiligen Flugzeugorte herrschenden Vertikalbeschleunigung, der Atmosphäre gleich Null, nicht aber notwendigerweise der Mittelwert der Horizontalkomponenten des atmosphärischen Beschleunigungszustands.

Das frei im böigen Winde manövrierende Flugzeug verkörpert in der Technik in recht vollkommener Weise ein System, in welchem die uns zur Gewohnheit gewordene Orientierung nach der Schwerkraft als einer festen Richtung versagt, und die Äquivalenz zwischen Schwere und Trägheit in handgreiflicher Weise zur technischen Geltung kommt. Besonders auffällig wird dies gerade im dynamischen Segelflug, h. d. wenn der Flug mit Fleiß so gesteuert wird, daß der zeitliche Mittelwert der im mitfliegenden (Rumpf-Holm-Stielachs-) Koordinatensystem interpretierten Trägheitskräfte von Null verschieden ist, und zwar dem Vorzeichen nach Arbeit auf das Flugzeug überträgt.

Koordinatensysteme. Die Gleichgewichtsbedingungen und den Energiegewinn für den Flug in beliebigen Böen auf ein erd- oder windfestes Koordinatensystem zu beziehen, führt zu wenig durchsichtigen Ansätzen, dagegen ist es sehr einfach, das Bezugssystem in das Flugzeug zu verlegen (RHS-System)[1]) und den meteorologischen Bewegungszustand der Atmosphäre als eine

---

[1]) R = Rumpfachse, H = Holmachse, S = Stielachse.

„scheinbare“ Modifikation der Gravitation aufzufassen. Diese Auffassung gibt insbesondere dann ein gutes Bild, wenn das bahntangentiale Gleichgewicht näherungsweise erhalten bleibt, wie z. B. in den gleich zu behandelnden Spezialfällen der „polarisierten“ Böen, oder dem Energiegewinn beim Passieren einen dicken Schicht mit mäßigem Windgradienten. Für schnelle Böen mit stark veränderlichen Beschleunigungen in Kursrichtung ist demgegenüber das Flugzeug als in erster Linie bahnnormal nachgiebig anzusehen, und der Geschwindigkeitszustand der Luft mehr maßgebend als der Beschleunigungszustand. Dies ist z. B. dort von Bedeutung, wo Böen ohne große Kursänderungen ausgebeutet werden sollen. Das Extrem dieser Auffassung ist die Annahme, daß auf das Flugzeug schließlich überhaupt keine tangentiellen Trägheitskräfte mehr übertragen werden, sondern einfach sich zur mittleren Fluggeschwindigkeit die Momentanabweichung der Windgeschwindigkeit von ihrem Mittelwert (geometrisch) addiert, Diese Annahme ist folgerichtig auch bei der Behandlung des „Knoller-Betz-Effekts“ bei der Zusammensetzung horizontaler und vertikaler Böigkeit gemacht. Sie liegt in gleicher Weise den von Prof. v. Kármán gerechneten Beispielen von vertikalen Flugschwingungen in horizontalen Böen zugrunde. In zahlreichen Fällen der praktisch ausgeführten Flugbewegungen wird allerdings die beste Annahme irgendwo zwischen diesen beiden Extremen liegen. Beide Darstellungen führen zu scheinbar voneinander abweichenden Urteilen über die Ergiebigkeit von Böen. Welches der beiden Ergebnisse dem Werte der Praxis näher kommt, hängt davon ab, wie weit der Pilot so, wie es die beiden Annahmen verlangen, steuern kann. Der ersten Annahme kommt er um so näher, je besser es möglich ist, den Leistungsbedarf recht stetig dauernd aus dem Winde zu decken; der zweiten, wenn er in günstigen Perioden Reserven sammeln muß, von denen er in ungünstigen zehrt.

Wenden wir uns noch weiter der erstgenannten Auffassung zu, so haben wir zu sagen, daß jeder Böe eine vektorielle zeitliche Schwankung der scheinbaren Schwere entspricht. Die Kontinuitätsbedingungen äußern sich nun in einem System einschränkender Bedingungen, welchen die „variabele“ Gravitation im RHS-System genügen muß. In diese wird aber eine Funktion des willkürlichen Flugkurses eingehen. Aus dieser variabeln Schwere könnten wir eben immer eine Komponente ausgesondert denken, welche das Potential der landläufigen terrestrischen Gravitation hat, zu dessen dauernder aerodynamischer Kompensation Leistungsaufwand erforderlich ist. Die verbleibende Komponente hat hingegen für das willkürlich gesteuerte Flugzeug nicht notwendig ein Potential, so daß dieses aus ihr bei geeignetem Kurs Leistung gewinnen kann. Man kann nun unschwer einsehen, daß ein Leistungsgewinn eine gewisse Unsymmetrie zwischen Flugmanöver und Böenverlauf zur Voraussetzung hat, daß also z. B. bei zeitlich symmetrischem Ablauf einer periodischen Böe und bei konphas symmetrischem Manöver (also auch ohne Kursänderung) ein Leistungsgewinn ausbleiben muß, und endlich, daß die Phasenverschiebung beider das Vorzeichen des Energieübergangs zwischen Bö und Flugzeug bestimmt. Das liegt nämlich daran, daß der Arbeitsgewinn proportional

$$+\int b_v \cdot v \cdot dt \tag{159}$$

ist, worin $-b_v$ die in die Richtung der Fluggeschwindigkeit v fallende Komponente der Beschleunigung der umgebenden Atmosphäre ist.

In Fällen also, wo sich der Flugkurs nicht nennenswert ändert (horizontal oder vertikal), wird der Effekt stets kleiner bleiben als bei einem ausgiebigen Flugmanöver, das auf die Erfassung des ganzen Energiegehaltes einer vollen Bö abzielt, und sich nicht mit einer bescheidenen Komponente begnügt. Nutzen bringt jede Böenphase, welche das Flugzeug so trifft, daß sie das Verhältnis der schwerkraftparallelen zur flugbahnparallelen Luftkraftkomponente vergrößert. Ein Optimum wird die Ausnutzung, wenn die der Bö äquivalente Trägheitskraft ganz in die Flugrichtung und die Luftkraft ganz in die Richtung (entgegengesetzt) der Schwere fällt.

Das Kräftegleichgewicht in Böen. Das Flugzeug interessiert uns bei alledem zunächst nur als Massenpunkt. Die zusammenwirkenden Kräfte sind auf der einen Seite Luftkräfte, auf der anderen Massenkräfte. Beschreiben wir alle sinngemäß im flugzeugfesten RHS-System, so werden wir nur die aerodynamisch wahrnehmbare Geschwindigkeitsänderung $\dot{v} = dv/dt$ für die zu erwartende Trägheitskraft ansetzen und den Beschleunigungszustand b der Böigkeit mit der Schwere g als gesamte Intensität der äußeren Kraft zusammenfassen. In b ist dabei der etwa auf dem Flugkurs anzutreffende lokale Windgradient inbegriffen.

Das vektorielle Gleichgewicht all dieser Kraftdichten (Kräfte pro Masseneinheit) gibt die folgende Vektorgleichung wieder

$$\mathfrak{t} + \mathfrak{l} + \mathfrak{g} + \mathfrak{b} - \dot{\mathfrak{v}} = 0, \tag{160}$$

welche aussagt, daß die pro Masseneinheit angreifende Triebkraft $\mathfrak{t}$ + Luftkraft $\mathfrak{l}$ + Schwere $\mathfrak{g}$ + die dem Beschleunigungszustand der Bö entsprechende Trägheitskraft $\mathfrak{b}$ gleich der hervorgebrachten zeitlichen Änderung der Fluggeschwindigkeit $\dot{\mathfrak{v}} = d/\mathfrak{v}//dt + [\mathfrak{v} \times \omega]$ ist.

Die Kraftgleichungen bei vollem Böensegelflug. Nun interessiert uns diese Beziehung vornehmlich unter bestimmten speziellen Annahmen, denen nämlich, welche die Voraussetzung für ein dauerndes Fliegen, d. h. mit im Mittel gleichbleibender Geschwindigkeit in konstanter mittlerer Höhe sind. Wenn dabei $\bar{t}$ (hier die mittlere Triebkraftdichte und nicht etwa die Zeit!) kleiner sein kann, als bei einem gleichartigen Flug in ruhiger Luft, so liegt ein dynamischer Segelflugeffekt vor. $\bar{t} = 0$ speziell bedeutet einen reinen dynamischen Segelflug ohne motorischen Antrieb. Den Einfluß des Trägheitsmoments des Flugzeugs studieren wir dabei nicht, was um so berechtigter im Rahmen dieser Überlegungen ist, als er ja im allgemeinen durch entsprechende Steuerausschläge kompensiert werden kann. Wenn wir weiterhin uns auch auf den Fall beschränken, wo der Trift- (oder Spur-) Winkel des Flugzeugs stets 0 ist, also das Flugzeug stets kielrecht fliegt oder spurt, dann können wir mit geeigneter Wahl des Koordinatensystems den mittleren Trimmwinkel auch verschwinden lassen und erhalten als verbleibende Luftkraftkomponenten

Auftrieb $\mathfrak{l}_S = a,$

Widerstand $\mathfrak{l}_R = -a\varepsilon$ (wobei $\varepsilon = c_w/c_a$ = Gleitzahl)

also:

$$a + g \cdot \cos\gamma_s + b \cdot \cos\beta_s - \omega_h \cdot v = 0, \tag{161}$$

$$a\varepsilon + g \cdot \cos\gamma_r + b \cdot \cos\beta_r - \dot{v} = 0, \tag{162}$$

$$g \cdot \cos\gamma_h + b \cdot \cos\beta_h + \omega_s \cdot v = 0, \tag{163}$$

wozu noch nach einem Satze der sphärischen Trigonometrie hinzukommt:

$$\sum_{rhs} \cos^2\gamma = \sum_{rhs} \cos^2\beta = 1 \tag{164}$$

Dabei sollen γ und β die Winkel bedeuten, welche Gravitation und Böenbeschleunigung mit den 3 Achsen, R, H, S je nach Index einschließen. Stationäre Fortdauer des Segelfluges fordert Konstanz der mittleren Geschwindigkeit (T = Zeit)

$$\frac{1}{T}\int_0^T \dot{v}\, dT = 0 \tag{165}$$

und Konstanz der Flughöhe

$$\frac{1}{T}\int_0^T [v \cdot \cos\gamma_r + w]\, dT = 0, \tag{166}$$

worin w die Aufwärtskomponente der Windgeschwindigkeit sei.

Die Böen müssen dem Kontinuitätsgesetz gehorchen. Dies verlangt, daß in drei aufeinander senkrechten erdfesten Richtungen der zeitliche Mittelwert der Böen Null ist. Also in der Schwererichtung:

$$0 = \frac{1}{T}\int_0^T b \cdot (\cos\beta_r \cos\gamma_r + \cos\beta_h \cos\gamma_h + \cos\beta_s \cos\gamma_s)\, dT \tag{167}$$

und ebenso in zwei queren horizontalen Richtungen:

$$0 = \frac{1}{T}\int_0^T \sum_{rhs} [b \cdot \cos\beta \sin\gamma] \cdot \cos\left(\int_0^T \sum_{rhs} \omega \cos\gamma\, dT\right) dT$$

$$\text{und ebenso } 0 = \frac{1}{T}\int_0^T \sum_{rhs} [b \cdot \cos\beta \sin\gamma] \cdot \sin\left(\int_0^T \sum_{rhs} \omega \cos\gamma\, dT\right) dT. \tag{168}$$

Wenn auch noch ein bestimmter mittlerer Kurs eingehalten werden soll, so lautet dies in dieser Schreibweise:

$$\frac{\int\limits_0^T \sum\limits_{rhs} (\omega \cos \gamma) \cdot v \cdot \sin \gamma_r \cdot dT}{\int\limits_0^T v \cdot \sin \gamma_r \, dT} = 0 \tag{169}$$

und wenn kein dauerndes Überschlagen eintreten soll:

$$\frac{1}{T} \int\limits_0^T \sum_{rhs} (\omega \cdot \sin \gamma) \, dT = 0. \tag{170}$$

Schließlich sieht man noch, daß sich Gleichung (161) bis (163) unter Elimination der Auftriebsdichte a, also des Auftriebs pro Masseneinheit, zusammenfassen lassen in

$$g (\cos \gamma_r - \varepsilon \cos \gamma_s) + b (\cos \beta_r - \varepsilon \cos \beta_s) - \dot{v} + \varepsilon \, \omega_h \, v = 0. \tag{171}$$

In dieser Darstellung erkennt man deutlich, wie die in die (entgegengesetzte) Flugrichtung fallende Komponente der Böigkeit $b \cdot \cos \beta_r$ das Maßgebende für den Energiegewinn ist. Das letzte Glied der Gleichung ist der Kurvverlust. Für den zeitlichen Mittelwert ist der erste und der vorletzte Posten notwendig $= 0$ und es verbleiben:

$$- g \cdot \int\limits_0^T \varepsilon \cdot \cos \gamma_s \, dT + \int\limits_0^T b \cdot \cos \beta_r \, dT - \int\limits_0^T \varepsilon \cdot b \cdot \cos \beta_s \, dT + \int\limits_0^T \varepsilon \, \omega_h \, v = J, \tag{172}$$

wenn mit J der Impulsgewinn pro Masseneinheit bezeichnet wird. Von diesen entspricht der erste Posten dem eigentlichen Flugleistungsbedarf, der zweite dem Böengewinn, der dritte ist eine kleine Korrektur desselben und der vierte der Manövrierverlust.

Unterschied horizontaler und vertikaler Böen. Es liegt nun in der Natur der gestellten Aufgabe, nämlich der Schwerkraft eine freie Kraft entgegenzusetzen, daß die Nutzbarkeit horizontaler und vertikaler Böen eine grundsätzlich unterschiedliche ist. Denn der Sinn der Aufgabe schreibt eben die im Mittel horizontale Bahn vor. Bei horizontaler Flugbahn kommt der Vorteil der aerodynamischen Auftriebserzeugung, die hierbei wie eine schiefe Ebene kraftverkleinernd wirkt, am nachhaltigsten zur Geltung; bei jeder Abweichung der Flugbahn von der horizontalen wird dieser Vorteil beeinträchtigt und im Extremfall vertikaler Flugphasen verschwindet er ganz. In solchen müßte der aus den Böen zu gewinnende Impuls gleich der vollen Schwere sein, während er im Horizontalflug nur ein Bruchteil, nämlich das ε-fache davon zu sein braucht. Verallgemeinernd kann man bis zu einem gewissen Grade sagen: Während von der Windgeschwindigkeit nur die vertikale Komponente für den (statischen) Segelflug nutzbar ist, nicht aber die horizontale, ist von der Windbeschleunigung eigentlich nur die horizontale die nutzbare (dynamischer Segelflug).

Der Knoller-Betz-Effekt.

Dies scheint auf den ersten Blick in Widerspruch zu stehen mit einer Erscheinung, auf welche unabhängig voneinander wohl zuerst Knoller und Betz hingewiesen haben, und deren Kernpunkt der Energiegewinn aus lediglich vertikal pulsierendem Winde ist. Bei genauerem Zusehen aber erweist sich dies als eine Art periodischen statischen Segelflugs, bei dem tatsächlich die vertikale Geschwindigkeits- und nicht Beschleunigungskomponente es ist, welche für den Energiegewinn maßgebend ist. Konsequentermaßen hätte die Behandlung dieses Problems daher eigentlich in einem früheren Kapitel gebracht werden müssen.

In einem Gebiete, wo eine im allgemeinen aufsteigende (oder absteigende) Strömung nicht vorhanden ist, kann immerhin an jedem Orte die Momentangeschwindigkeit des Windes vertikal schwanken. Daß solche Vertikalpulsationen sich der Beobachtung entziehen können, wäre in Anbetracht des gegenwärtigen Standes unserer meteorologischen Instrumente bei höherer Frequenz der Schwankungen immerhin denkbar. So wie nun etwa ein segelnder Vogel, wenn er gezwungen würde, gleiche Zeitabschnitte durch Gebiete mit aufsteigender und mit absteigender Windströmung zu passieren, einen Nutzen davon hätte, wenn er im Aufwindgebiet seine Auftriebserzeugung konzentriert und sich Energiereserven schafft, und im absteigenden Gebiet auf Auftriebserzeugung mehr oder weniger verzichtet, und statt dessen von seiner potentiellen oder kinetischen Energiereserve zehrt; ebenso nützen periodische Windneigungsschwankungen ohne weiteres wegen der im gleichen Sinne wirkenden aerodynamisch unsymmetrischen Eigenschaften der Tragflügel. Wesentlich ist dabei die Feststellung, daß der Mechanismus dieses Manövers aber durchaus von der Art des statischen Segelflugs ist. Die Kunst dabei ist lediglich, die Auftriebserzeugung auf die Aufwindperiode, in welcher sie gratis erfolgt, zusammenzudrängen. Die Analogie mit dem gewöhnlichen statischen Segelflug, bei dem die Regel lautet, möglichst lange Zeit im Aufwindgebiete zu bleiben und Abwindgebiete zu meiden oder rasch zu passieren, liegt in der Vertauschung der Rollen von Ort und Zeit.

Der „einfachste“ Fall des K.B.-Effekts. Betz unterscheidet zwei Manövrierfälle, einen „einfachsten“ und einen „günstigsten“. Der einfachste Fall ist der des statisch indifferenten Flugzeugs. Er liegt vor, wenn das Flugzeug so viel Trägheit besitzt, bzw. die Pulsation so rasch schwingt, daß weder eine nennenswerte Änderung der Flugzeugsteiglage noch nennenswerte Vertikalschwingungen der Schwerpunktsbahn eintreten. Dann schwankt der Anstellwinkel bis zu einer Amplitude, welche durch das Verhältnis der maximalen Vertikalwindstärke zur Fluggeschwindigkeit gegeben ist. Infolge der Unsymmetrie der Polaren mit Bezug auf den mittleren Arbeitspunkt auf ihr als Spiegelpunkt, ist eine um so größere Verminderung des mittleren Widerstandsbeiwerts mit den Fahrtwindneigungsschwankungen verbunden, je größer die Winkelamplitude ist. Allerdings ist der Betrag dieser Verbesserung selbst bei Annahme sehr günstiger Eigenschaften von Flügeln und schädlichem Widerstand erst bei recht beträchtlichen Schwankungsamplituden (von der Größenordnung von $\sim 1/5$ der Fluggeschwindigkeit) so groß, daß der ganze Widerstand dadurch aufgewogen werden könnte. Betz fand seinerzeit unter zeitgemäßen Voraussetzungen über das Flügelprofil als erforderliche Fahrtwindneigungsamplitude etwa 16^0, d. h. daß die Vertikalgeschwindigkeit der Luftbewegung (bei einer mittleren Fluggeschwindigkeit von nur 12 m/sec) um $\pm 3{,}5$ m/sec schwanken muß, damit der Pulsationseffekt gerade den mittleren Fahrtwiderstand kompensiere. Dabei ist über die Windstruktur die Annahme gemacht, daß weder horizontale Böigkeit vorhanden ist, noch daß Eigengeschwindigkeitsschwankungen des Flugzeugs in Betracht kämen. Die Pulsation des Windes in der Vertikalen wird dabei der einfachen Rechnung halber als harmonisch vorausgesetzt. Genauer gesagt, setzt Betz den Winkel, unter welchem effektiv der Fahrtwind die Tragfläche anströmt, als Sinusfunktion der Zeit an. Wenn man nach derselben Methode für ein extrem gutes Seitenverhältnis und die übrigen Hilfsmittel der gegenwärtigen Flugtechnik die Verhältnisse wieder nachrechnet, so kommt man, worauf sich namentlich v. Loessl stützt, zu einem weniger anspruchsvollen Ergebnis, welches ich an späterer Stelle mitteilen werde.

Wesentlich ist aber in jedem Falle, daß die zur vollen Widerstandsüberwindung auf diesem Wege erforderliche Vertikalwindamplitude um so größer sein muß, je größer der mittlere Auftriebskoeffizient, der dabei zur Geltung kommen soll, ist.

Wenn in Wirklichkeit der Knoller-Betz-Effekt beim Segelflug eine wesentliche Rolle spielen sollte, so sollte man meinen, daß die enormen Beschleunigungszustände, die dann in der Atmosphäre vorkommen müßten, einer Wahrnehmung leicht zugänglich sein und auch vom Flieger empfunden werden müßten. Betz hatte seinerzeit nicht beabsichtigt, zu beweisen, daß der Segelflug schlechthin so vor sich gehe, wohl aber zu zeigen, daß eine Widerstandsverminderung, die theoretisch sogar bis zur Vortriebserzeugung gehen könnte, auch ohne Steigwind mit der Mechanik durchaus nicht in Widerspruch zu geraten brauche.

Betzs „günstigster“ Fall. Eine Verbesserung desselben. Der zweite von Betz behandelte Fall ist der „günstigste“, der nämlich, bei welchem die Anstellung der Tragfläche gegen den Horizont nicht konstant, sondern so veränderlich vorgeschrieben ist, daß in jeder Phase die Luftkraftkomponente in der Horizontalen extremal ist; nach rückwärts ein Minimum bzw. gegebenenfalls nach vorwärts ein Maximum.

Im Hinblick auf die Ausnutzung des ganzen Flugzeugs ist diese Betzsche Steuervorschrift allerdings genau betrachtet vielleicht noch nicht die wirklich praktisch günstigste. Denn wenn wir stets auf einen nur um ein weniges ($d\alpha$) größeren Anstellwinkel als nach der Betzschen Vorschrift steuern, so werden wir damit in jeder Phase den Auftriebskoeffizienten erhöhen $\left(\text{um}\ \frac{dc_a}{d\alpha}\cdot d\alpha\right)$, wogegen die damit verbundene Widerstandsvermehrung $\left(\frac{dc_w}{d\alpha}\cdot d\alpha\right)$ verschwindend klein daneben bleibt, da ja nach der Betzschen Steuerregel $dc_w/d\alpha = 0$, aber $dc_a/d\alpha > 0$. Noch dazu ist der Knoller-Betz-Effekt nur dann erheblich, wenn man sich im Mittel mit kleinen Auftriebsbeiwerten begnügt.

Andererseits wird, da es sich um einen Differenzeffekt handelt, der K.B.-Effekt durch Verbesserung des Seitenverhältnisses sehr erheblich verbessert.

Größe des K.B.-Effekts bei modernen Segelflugzeugen. Im nachfolgenden habe ich einmal auf numerischem Wege die Größe des Effekts unter solchen Annahmen, wie sie als beim heutigen Stande der Segelflugtechnik als berechtigt angesehen werden dürfen, nachgerechnet. Zugrunde gelegt wurde ein Flügelprofil ähnlich Göttingen, Nr. 398, umgerechnet auf ein Seitenverhältnis 1 : 10, was einer besten Gleitzahl des Flügels allein von 1 : 26 entspricht. Ich setze mit Betz eine harmonische Schwankung des Winkels voraus, unter welchem der relative Fahrtwind die mittlere horizontale Flugbahn schneidet; also, wenn w die Vertikalgeschwindigkeit des Windes und v die Fluggeschwindigkeit bedeutet, und die Amplitude

$$\arcsin\frac{w_0}{v} = \beta_0, \tag{173}$$

$$\arcsin\frac{w}{v} = \beta = \beta_0 \sin\nu t. \tag{174}$$

dann ist der Mittelwert des Auftriebsbeiwerts c_a

$$\overline{c_a} = \frac{1}{2\pi}\cdot\int_0^{2\pi} [c_a \cos(\beta_0 \sin\nu t) + c_w \sin(\beta_0 \sin\nu t)\, d(\nu t) \tag{175}$$

und der des Widerstandsbeiwerts

$$\overline{c_w} = \frac{1}{2\pi}\cdot\int_0^{2\pi} [c_w \cos(\beta_0 \sin\nu t) - c_a \sin(\beta_0 \sin\nu t)]\, d(\nu t)\,; \tag{176}$$

hierbei ist stets (nach Betz) so zu steuern, daß die Horizontalkomponente $c_w \cos(\beta_0 \sin\nu t) - c_a \sin(\beta_0 \sin\nu t)$ der Luftkraftdichte zum Minimum wird. Befolgt man diese Vorschrift, innerhalb welcher ja zwischen c_w und c_a noch der im Polardiagramm des Flügels ausgedrückte Zusammenhang bestehen muß, so erhält man eine neue Polarkurve $\overline{c_w}\,(\overline{c_a})$ aus lauter Punkten, die je zu einer bestimmten Amplitude der Vertikalkomponente des Windes gehören.

Verzichtet man zunächst auf eine besondere Steuerung, so kann man die Aufgabe analytisch anfassen, indem man nach Prandtl für die Polare die angenäherte Formel $c_w = c_{w0} + \frac{c_a^2}{\pi}\lambda$ (λ = Seitenverhältnis) verwendet und $c_a = c_{a0} + k\beta_0 \sin(\nu t)$ setzt, wobei β_0 die Amplitude der Richtungsschwankung bezeichnet, c_{a0} ist der Auftriebskoeffizient entsprechend dem Anstellwinkel $\alpha = \alpha_0$.

Führt man nun die Mittelwerte nach Gleichung 174 und 175;

$$\overline{C_a} = \frac{1}{2\pi}\int_0^{2\pi} (C_a \cos\beta + C_w \sin\beta)\, d(vt),$$

$$\overline{C_w} = \frac{1}{2\pi}\int_0^{2\pi} C_w \cos\beta - C_a \sin\beta a\,(vt)$$

ein, so erhält man mit der Annäherung $\sin\beta \sim \beta$, $\cos\beta \sim 1 - \frac{\beta^2}{2}$

$$\overline{C_a} = C_{a_0}\left(1 = \frac{\beta^2}{4}\right) + \frac{k\beta_0^2 c_{a_0}}{\pi}\lambda,$$

$$\overline{C_w} = C_{w_0}\left(1 = \frac{\beta^2}{4}\right) + \frac{k\beta_0^2\lambda}{2\pi} - \frac{k\beta_0^2}{2}.$$

Das letzte Glied stellt den Gewinn an Rücktrieb, bezw. den eventuellen Vortrieb dar. Man sieht indessen aus dem zweiten Glied, daß ein schlechtes Seitenverhältnis den Gewinn unter Umständen zu nichtemachen kann[1]).

Die Polare des K.B.-Effekts. Die Konstruktion der neuen Polaren $\overline{c_w}$ ($\overline{c_a}$) mit dem Parameter β_0 bewerkstelligt Betz graphisch. Er zeichnet für verschiedene Phasen νt das Achsenkreuz um den zugehörigen Winkel $\beta = \beta_0 \sin \nu t$ verdreht in das ursprüngliche Polardiagramm hinein und zieht jeweils die Tangente zur gedrehten c_a-Achse an die Polare. Der Berührungspunkt gibt im gedrehten System die für die betreffende Phase zusammengehörigen vorteilhaftesten Werte von c_y und c_x, welche Indizes y und x für vertikal und horizontal gebraucht werden sollen. Dies ist der sogenannte „günstigste" Fall.

Bei dem andern Spezialfall, dem „einfachsten", wählt er einen zunächst beliebigen Anstellwinkel α_0 für die Phase 0 und konstruiert eine Hilfspolare, indem er die Punkte der gegebenen punktweise durch Rückdrehen des Fahrstrahls um den dem Anstellwinkel entsprechenden Winkel β findet. Denn in diesem Falle ist der Anstellwinkel $\alpha = \alpha_0 + \beta$.

Ich bin von diesem Verfahren nur der Genauigkeit halber, da es sich doch bei der nachfolgenden Mittelwertbildung um positive und negative Anteile gleicher Größenordnung handelt, insoweit abgewichen, als ich die c_y und c_x nicht in den für jeden Winkel neu zu zeichnenden gedrehten Systemen abgegriffen habe, sondern als c_w und c_a im ungedrehten, und die gedrehten Komponenten nach den Ausdrücken, welche in Gleichung (175) und (176) als Integranden stehen, rechnerisch ermittelte. Die Werte wurden von 10^0 zu $10^0\,\nu t$ berechnet das Mittel gebildet, und dieses Verfahren im nach Betz günstigsten Falle für verschiedene Amplituden β_0 durchgeführt und dann noch einige andere später zu besprechende Spezialfälle auf ähnliche Weise ausgerechnet.

Zusammengehörige Mittelwerte $\overline{c_a} = \frac{1}{2\pi}\int_0^{2\pi} c_y\, d(\nu t)$ und $\overline{c_w} = \frac{1}{2\pi}\int_0^{2\pi} c_x\, d(\nu t)$ für die Winkelamplituden $\beta_0 = 2^1/_2{}^0$, 5^0, 7^0 und 10^0 berechnet, verbinden sich zu einer in Abb. 11 gezeichneten Kurve, an welcher die Winkelamplituden als Parameter beigeschrieben sind. Diese neue Polare entspringt bei $\beta_0 = 0$ (keine Vertikalwindpulsation) in einem Punkte der alten Polaren, nämlich natürlich dem, wo diese den kleinsten Widerstand hat. Mit zunehmender Amplitude β_a steigt der Mittelwert des Auftriebsbeiwerts $\overline{c_a}$, während der mittlere Widerstand $\overline{c_w}$ mehr und mehr verringert wird. Bei $\beta_0 = 4^1/_2{}^0$ ist der Widerstand des Flügels bereits aufgehoben, und bei höheren Windneigungsamplituden würde bereits Vortrieb erzeugt, der einem Rumpfwiderstand das Gleichgewicht halten könnte. Bei $\beta_0 = 7^1/_2{}^0$ ist bereits $\overline{C_w} = -1{,}81$, so daß bei so starken Windneigungspulsationen ein gutes Segelflugzeug bereits segelfähig sein könnte. Folgende Tabelle gibt eine Zusammenstellung der gefundenen Werte:

Fahrtwindneigungsamplitude β_0.

Mittelwert	0^0	$2^1/_2{}^0$	5^0	$7^1/_2{}^0$	10^0
$\overline{C_w}$	1,40	0,88	—0,27	—1,75	—3,43
$\overline{C_a}$	12,0	17,3	28,0	34,0	38,1

(Anm.: $C = 100 \cdot c$, wie üblich).

Wie schon bemerkt, widerstreiten die beiden Konsequenzen, nämlich hohe Geschwindigkeit, um mit den immerhin sehr kleinen Auftriebskoeffizienten auszukommen, andererseits recht

[1]) Diese Rechnung wurde von Th. v. Kármán gelegentlich eines Diskussionsabends während des Rhönwettbewerbes im Jahre 1922 vorgetragen. Eine ganz ähnliche Betrachtung gab später H. Rateau (Comptes rendus de l'Académie des Sciences, Bd. 178. S. 280. Paris 1924).

niedrige Geschwindigkeit, um aus gegebener Windpulsationsstärkenamplitude möglichst ansehnliche Winkel β_0 zu behalten. Für Flächenbelastungen von 8 kg/m², wie sie bei den getroffenen Annahmen als bereits das äußerste erscheinen, gehören dann Fluggeschwindigkeiten, wie sie gleichfalls als Parameter an die neue Polare angeschrieben sind. Bei $\beta_0 \sim 7^1/_2$ wären also etwa 20 m/sec Fluggeschwindigkeit erforderlich. Hierbei bedeutet $\beta_0 = 7^1/_2{}^0$ eine maximale Vertikalwindstärke von $\pm$ 2,3 m/sec $= w_0$. (Für einen Vogel von 4 kg/m² wäre $v = 14$ m/sec und $w_0 = \pm$ 1,8 m/sec.) Diese Werte scheinen recht erheblich.

Die Frequenz der Pulsationen geht übrigens bemerkenswerterweise in diese Art der Berechnung der Größe des Knoller-Betz-Effekts nicht ein. Welchen Einfluß sie dennoch auf die Kritik dieser Untersuchungen hat, wird an späterer Stelle noch erörtert werden.

Weiters interessiert es, welchen Einfluß die früher erwähnte Art hat, anders als nach Betz, nämlich so zu steuern, daß der Anstellwinkel ständig etwas größer ist als nach seiner Vorschrift. Einige Rechnungen zeigten, daß diese Abweichungen allerdings nicht groß sein dürfen, wenn nicht der Vortrieb bereits merklich einbüßen soll. Hält man aber stets den Anstellwinkel so etwa 1° größer als nach Betz, so findet man für eine Winkelamplitude β_0 der Windpulsation von 10°:

$\overline{C_w} = -3{,}36$ (statt $-3{,}43$ nach Betz) demgegenüber
aber $\overline{C_a} = 41{,}6$ (statt 38,1 „ „)

also eine Erhöhung des Auftriebs um $9^1/_2$% gegenüber einer Einbuße von nur 2% am Vortrieb. Diese Auftriebsverbesserung bedeutet wieder eine Verringerung der Fluggeschwindigkeit und damit wieder der Vertikalwindstärkenamplitude von $4^3/_4$%, nämlich + 2,31 statt + 2,43 m/sec. Bezogen auf gleiche Vertikalwindstärkeamplituden bedeutet dies aber nochmals eine Ermäßigung des Vortriebsverlustes.

Einfluß des Seitenverhältnisses. Es mag vorläufig noch dahingestellt bleiben, ob der Knoller-Betz-Effekt in dieser (günstigsten) Form tatsächlich zum Segelflug allein ausreichen kann (was von verschiedenen Konstrukteuren allerdings angenommen wird), d. h. ob hinreichend starke Pulsationen tatsächlich in der Atmosphäre vorkommen. Soviel aber ist wohl sicher, daß nämlich schon bei erheblich kleinerer Pulsationsamplitude der Flugwiderstand guter Fluggeräte merklich verringert werden muß. Fühlbar wird der Effekt aber auch nur, wenn das Flugzeug aerodynamisch auch sonst gut ist. Schlechtes Seitenverhältnis beeinträchtigt den Effekt z. B. sehr gründlich. Eine Gegenüberstellung der Wirkungen des gleichen Windes ($\beta_0 = 7^1/_2{}^0$) auf dasselbe Profil bei Seitenverhältnissen von 1 : 10 und 1 : 5 möge dies veranschaulichen:

	Seitenverhältnis 1:10	1:5
$\overline{C_w}$	—1,81	—0,75
$\overline{C_a}$	34,0	24,1

Knoller-Betz-Steuerung. Es ist nun für die Praxis von gewissem Interesse, ob und durch welche Steuermaßnahmen die Betzsche oder unsere verbesserte Steuervorschrift verwirklicht werden kann. Im Prinzip handelt es sich zwar einfach darum, in der Aufwindperiode große und in der Abwindperiode kleine Anstellwinkel einzustellen.

In dem hypothetischen (nach Betz „einfachsten") Fall unendlicher Trägheit des Flugzeugs um die Holmachse, ist die bekannte Flügelcharakteristik c_a (α) bis auf eine Parallelverschiebung um eine willkürliche Konstante die Steuerfunktion c_a (β). (Diese Kurve wurde [für das Seitenverhältnis 1 : 10 umgerechnet] in Abb. 11 eingetragen.)

Zeichnet man dazu wie in Abb. 11 die neue Kurve c_a (β) für den nach Betz „günstigsten" Fall mit ein, so zeigt sich an dem Unterschied der Neigung beider Kurven, welche Abweichungen der Flugzeuglage von der des unendlich trägen ersteuert werden müssen. Da ohne einen Steuereingriff oder gar mit solchen, die der Flieger „Böen parieren" nennt, die Kurve sich von der günstigsten noch über die „einfachste" hinaus entfernen würde, ist es wissenswert, welche Unterschiede diese beiden Fälle schon aufweisen. Im „einfachsten" Falle ist nun der noch willkürliche Einstellwinkel für die Phase 0° noch von Einfluß. Für verschiedene solche Einstellwinkel α_0 ergibt sich bei einem Seitenverhältnis 1 : 10 und bei einer Fahrtwinderhebungsamplitude von $\beta_0 = 7^1/_2{}^0$

a_0:	$-3{,}6^0$	$-3{,}$[illegible]^0	$-2{,}8^0$	$-2{,}2^0$	$-0{,}7^0$
C_w:	$-1{,}27$	$-1{,}34$	$-1{,}42$	$-1{,}35$	$-1{,}29$
C_a:	$22{,}5$	$25{,}6$	$28{,}7$	$33{,}8$	$42{,}5$

Selbst bei Wahl des günstigsten Einstellwinkels ($\sim -2{,}8^0$) ist also der Vortrieb unter den hier gewählten Verhältnissen immerhin schon merklich geschmälert, $-1{,}42$ gegenüber $-1{,}81$ für die nach Betz „günstigste" Steuerung. Dazu mußte auch der Auftrieb erheblich reduziert bleiben, um das zu erreichen ($C_a = 28{,}7$ statt 34,0). Bei gleichem Auftriebskoeffizienten ($\alpha^0 \sim -2{,}2^0$) wäre C_w nur $-1{,}35$.

Trachtet man demnach, diesen Verlust zu vermeiden, und dem günstigsten Fall möglichst nahe zu kommen, so muß man den Anstellwinkel des Flugzeugs oder der Tragfläche als Funktion der Pulsationsphase steuern. Leider aber müßte bei schon sowieso hohen Auftriebswerten, also bei Aufwind, der Anstellwinkel noch mehr vergrößert werden, allerdings während des letzten Teils des Anstiegs dann nicht mehr immer stärker. Die Steuerbetätigung muß sich vor allem auf die der Horizontalphase benachbarten Zeitabschnitte konzentrieren. Dasselbe gilt in noch ausgesprochenerem Maße von der Abwindhalbperiode, während deren Beginn und Ende der Anstellwinkel noch mehr verkleinert, bzw. noch mehr negativ gerichtet werden muß. Freilich muß während des Abwindmaximums der Ruderausschlag evtl. sogar wieder umgekehrt sein, um so mehr, je größer die Windamplitude ist. Diese Vorschrift ist sehr kompliziert. Sie hängt natürlich in den Einzelheiten noch vom Flügelschnitt, vom Seitenverhältnis und von der Winkelamplitude ab. Diese Einflüsse ändern aber den Charakter der Steuervorschrift nur wenig. Man kann das beispielsweise an den ganz ähnlich liegenden Steuerkurven $C_a(\beta)$ für Seitenverhältnis 1 : 5 und 1 : 10 sehen.

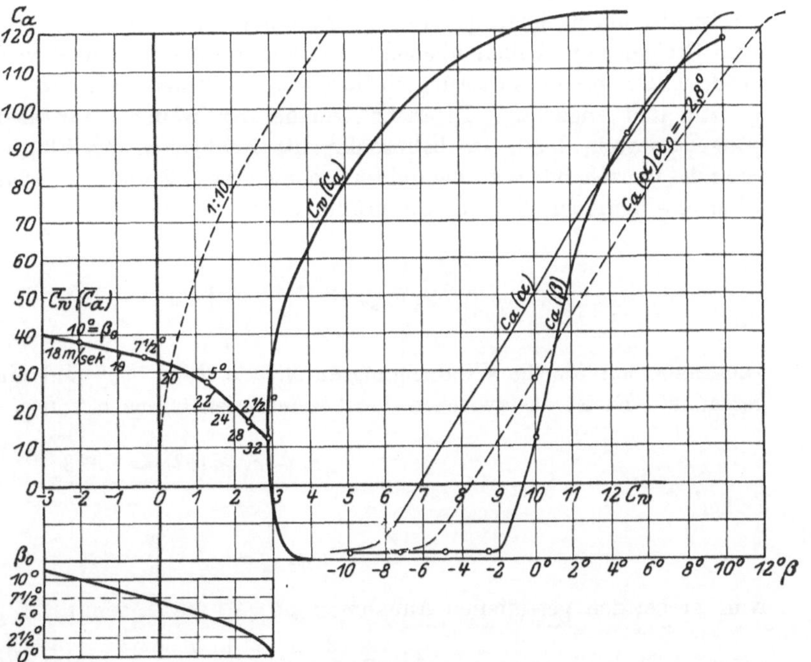

Abb. 11.

Labilität der K.B.-Steuerung. Es ist nun wichtig, daß diese Vorschrift eine im Prinzip labile Art der Steuerung verlangt. Es müssen, wenn man von den Einzelheiten absieht, die Anblaswinkelabweichungen noch künstlich übertrieben werden. Dies ist naturgemäß nur möglich, wenn man die Pulsationsfunktion kennt. Es scheint auf Grund dieser Überlegung kaum denkbar, daß ein Automat so gebaut werden könnte, daß er selbsttätig diese Vorschrift erfüllt, ohne auf andere Störungen in gefährlicher Weise zu reagieren. Gleichwohl sind verschiedene Vorschläge gemacht und ausgeführt worden, um eine automatische Ausnützung des Effekts möglichst angenähert nach der „günstigsten" Methode zu verwirklichen. Auf diese Konstruktionen möge jedoch hier nicht eingegangen werden, weil ja überhaupt die Voraussetzungen dieses Spezialfalles des Knoller-Betz-Effekts (linear polarisierte, harmonische Bö, unendliche Trimmträgheit) ziemlich hypothetisch sind. In Wirklichkeit kommen eben noch andere Einflüsse hinzu, welche die numerischen Ergebnisse dieser Ergiebigkeitsrechnung ohnehin beeinflussen.

Einfluß der Flugbahnschwankungen auf den K.B.-Effekt. Zwei Störungseinflüsse, welche hier eine Rolle spielen können, mögen hier erörtert werden. Der erste rührt von den Flugbahnschwankungen her, welche als Folge der periodischen Störungen des vertikalen Gleichgewichts auftreten müssen. Diese wäre bei exakter Steuerung nach dem günstigsten Falle sehr erheblich, und würde den Flug für die Besetzung und auch hinsichtlich der Festigkeitsbeanspruchung durch Kraftrichtungswechsel höchst ungemütlich gestalten.

Die jeweilige Vertikalbeschleunigung ist:

$$\ddot{z} = \frac{c_a - \overline{c_a}}{\overline{c_a}} \cdot g \tag{177}$$

und daher der Bahnerhebungswinkel ε

$$\varepsilon = \frac{g}{v \cdot \nu \cdot \overline{c_a}} \cdot \int_{\frac{\pi}{2}}^{\nu t} (c_a - \overline{c_a})\, d(\nu t). \tag{178}$$

Da in den Kulminationspunkten die Flugbahn horizontal ist, verschwindet dort die Störung. Sie ist also am nachhaltigsten in der Nachbarschaft der Horizontalwindphase. Wenn der Wind vom Steigen zum Fallen übergeht, werden die Anstellwinkel verkleinert und umgekehrt vergrößert. Der Sinn des Störungseinflusses wechselt also während jeder Periode zweimal zwischen günstig und ungünstig. In erster Annäherung braucht man also allerdings von der Anstellwinkeländerung durch das bahnsenkrechte Nachgeben des Flugzeugs nicht eine völlige Änderung des ganzen Bildes zu befürchten, solange diese Winkel der Flugbahn klein neben den Fahrtwindschwingungen bleiben. Die größte vorkommende Winkelablenkung ist:

$$\varepsilon_{\max} = \frac{g}{\nu \cdot v \cdot \overline{c_a}} \cdot \int_{c_{a\max}}^{c_a = \overline{c_a}} (c_a - \overline{c_a})\, d(\nu t). \tag{179}$$

Dies habe ich für die Windneigungsamplitude $\beta_0 = 7^1/_2{}^0$ und ein Seitenverhältnis 1 : 10 ausgerechnet. Es ist das zwischen den bezeichneten Grenzen von c_a gebildete Integral

$$\frac{1}{\overline{c_a}} \cdot \int (c_a - \overline{c_a})\, d(\nu t) \sim 1{,}333. \tag{180}$$

Daher

$$\varepsilon_{\max} = \frac{g}{\nu \cdot v} \cdot \frac{4}{3} \tag{181}$$

Nun ist bei den getroffenen Annahmen $g/v \simeq \frac{1}{2}\,\sec^{-1}$, somit

$$\varepsilon_{\max} \sim \frac{2}{3} \cdot \frac{1}{\nu} = \frac{1}{3} \cdot \frac{T}{\pi} \smile \frac{T}{10} \text{ (abs. Winkeleinh.)}, \tag{182}$$

wenn T die Pulsationsperiode in Sekunden mißt. Diese dürfte also nur ein Bruchteil einer Sekunde sein, wenn wirklich die Flugbahnerhebungswinkel klein gegen die Windneigung bleiben sollen. Eine nennenswerte Flugbahnneigung ε äußert sich in einer Phasenverschiebung zwischen Bö und Anstellwinkel. Letzterer eilt um in erster Näherung ε_0/β_0 vor; denn die Vertikalgeschwindigkeit infolge der periodischen Vertikalgleichgewichtsstörung ist um $\sim 90^0$ phasenverzögert gegen die Vertikalgeschwindigkeit der Windpulsation. Demgemäß muß bei der Steuerung nach dem „günstigsten“ Fall in diesem Sinne korrigiert werden.

Es ist einmal der Gedanke ausgesprochen worden, daß bei großer Spannweite vielleicht die verschiedenen Teile des Flügels sich in verschiedener Phase der Windvertikalpulsation befinden könnten. Dann könnte unter Umständen die Störung durch Flugbahnablenkung sehr klein bleiben oder ganz verschwinden. Davon ist aber auch keine Steigerung des „Knoller-Betz“-Effekts zu erwarten. Denn erstens ist dann nur der sog. „einfachste“ Steuerfall möglich, und zweitens würde der induzierte Widerstand entsprechend den verschieden beaufschlagten Spannweiteteilchen ein viel größerer sein, als er dem Seitenverhältnis entspräche.

K.B.-Effekt und Längsstabilität. Ein zweiter Faktor, der bei der Beurteilung des Knoller-Betz-Effekts zu berücksichtigen ist, ist die Längsstabilität. Deren Wesen besteht darin, daß bei den brauchbaren Flugzeugen die Profileigenschaften der Tragflügel durch Dämpfungsflächen oder dergleichen so geändert sind, daß bei einer zufälligen Abweichung von einem bestimmten Normalanstellwinkel ein wiederherstellendes Moment der Luftkräfte des ganzen Systems um den Schwerpunkt auftritt. Eine jede solche Stabilisierungsmaschine, welche Grundbedingung für ein ruhiges Fliegen ohne dauerndes Steuerbalanzieren schon in ruhiger Luft ist, zielt also auf Konstanz des Anstellwinkels ab. Es ist klar, daß sie damit schädlich auf den K.B.-Effekt wirken muß, denn sie beeinträchtigt die für den „günstigsten" Steuerfall erforderlichen Anstellwinkelschwingungen noch über den weniger ergiebigen „einfachsten" Fall hinaus. Die unendlich stabile Maschine wehrt sich vollkommen gegen jede Anstellwinkeländerung. Bei konstantem Anstellwinkel tritt jedoch nur eine Flugbahnschwingung ein, und der Mittelwert der Luftkraftbeiwerte $\overline{c_a}$ und $\overline{c_w}$ bleibt ungeändert. D. h. die vollkommen stabilisierte Maschine nützt Vertikalpulsationen des Windes überhaupt nicht aus, sondern läßt sie ungehindert durch. Alle Vorkehrungen zur Erhöhung der inhärenten Längsstabilität können also nichts zu einer bessern Ausnutzung des K.B.-Effekts beitragen. Nun kann man allerdings auf Eigenstabilität bei geschickter Führung verzichten. Aber man kann offenbar nicht das Gegenteil erreichen, was aber gerade eine Voraussetzung für eine automatische Steuerungsvorrichtung nach dem „günstigsten" Fall wäre. Ein Flugzeug, das automatisch auf eine bestimmte Pulsationsfrequenz eingestellt würde, müßte auf eine andere Frequenz falsch reagieren. Katastrophal könnte aber die Folge einer Horizontalbö werden.

In der Schwierigkeit, Horizontalböen und Vertikalböen vom Flugzeug aus zu erkennen bzw. zu unterscheiden, liegt auch die theoretische Grenze für eine Ausnützung durch bewußte Manipulation des Führers, über das Maß des „einfachsten" Falles hinaus. Natürlich kommt für die Praxis dazu, daß eine regelmäßige Wiederkehr von Pulsationen einer bevorzugten Frequenz im Winde nicht erwartet werden kann, und daß eine bewußte Ausnutzung eine richtige harmonische Analyse voraussetzen würde, eine Aufgabe, deren Schwierigkeit vorerst ganz jenseits unserer Hilfsmittel liegt.

Flügelsteuerung. Von einer ganzen Reihe von Konstrukteuren, angeregt durch die Arbeiten von Harth-Messerschmitt und v. Loessl wurden sog. Flügelsteuerungen ausgeführt und an Segelflugzeugen erprobt, in der Erwartung, daß mit einer solchen Einrichtung die Ausnützung des K.B.-Effekts besonders begünstigt werde. Das Merkmal aller dieser Steuerungen besteht darin, daß bei der Höhensteuerung der Rumpf des Flugzeugs nicht mit dem Hauptflügel fest verbunden und von ihm aus der Einstellwinkel der Schwanzflächen verstellbar, sondern umgekehrt mit der festen Dämpfungsflosse des Schwanzes verbunden und von ihm aus der Einstellwinkel der Hauptflügel veränderbar ist. Es ist bereits oft darauf hingewiesen worden, daß dies kein prinzipieller, sondern nur ein quantitativer Unterschied ist, insofern die Trägheitsmomente der beiden gegeneinander bewegten Teile verschieden sind. Im Grunde aber ist in beiden Fällen nach einer Verstellung der relativen Einstellung zwischen Hauptflügel und Dämpfungsflosse so lange ein freies Moment wirksam, bis im Laufe der infolgedessen einsetzenden Änderung der aerodynamischen Bedingungen das Momentengleichgewicht in einer neuen Lage wieder eintritt. Nun ist zwar richtig, wenn von den Anhängern der Flügelsteuerung angeführt wird, daß der Führer eine Anstellwinkelabweichung von demjenigen Anstellwinkel am Steuerhebel „fühlen" kann, bei welchem die resultierende Luftkraft durch die Drehachse des Flügels geht. Denn eine positive oder negative Anstellwinkeländerung ruft ein verschieden gerichtetes Moment am Steuerhebel hervor. Dies ließe sogar erkennen, ob eine Vertikalbeschleunigung auf eine Vertikalbö oder eine Horizontalbö zurückzuführen wäre. Diese Unterscheidbarkeit besteht aber nun nur in der ganz unmittelbaren Nachbarschaft der Nullage. Denn sobald eine noch so kleine Anstellwinkelabweichung und damit ein bestimmtes Moment am Steuerknüppel bereits vorliegt, kann man wieder nicht mehr wissen, ob eine nun vielleicht plötzlich bemerkbare Steigerung dieses Moments auf eine Zunahme der Vertikalkomponente oder aber der Horizontalkomponente des Fahrtwindes zurückgeht. Eine zweite Schwierigkeit der Flügelsteuerung liegt in ihrer Labilität. Die guten Profile haben — aus theoretisch verständlichen Gründen — alle eine im hauptsächlichsten Bereich rückläufige Druckpunktswanderung, das soll heißen, daß bei einer Anstellwinkeländerung der Druckmittelpunkt so wandert, daß ein Moment entsteht, welches die Störung noch vergrößern will, wenn vorher Momentengleichgewicht bestanden hatte.

Daraus folgt, daß notwendig der Flugzeugführer mit einem flügelgesteuerten Flugzeug am Steuer knüppel balanzieren muß. Er muß stets die kraftfreie Stellung seines Steuerhebels suchen, und wenn er sie verlor, muß er stets dem gespürten Steuerdruck entgegenarbeiten, anstatt, wie gefühlgemäßer, ihm nachgeben zu dürfen. Diese Schwierigkeit zu umgehen, war ja schließlich einer der Hauptgesichtspunkte, welche seinerzeit zur Schwanzsteuerung führten, nachdem zu Anfang der praktischen Fliegerei verschiedentlich Fronthöhensteuer versucht worden waren. Diese Schwierigkeit ohne Aufgabe der der Flügelsteuerung charakteristischen Trägheitsmomentenverteilung zu umgehen, fehlt es nicht an Vorschlägen. Deren Kernpunkt liegt zumeist in der Kopplung der Flügelsteuerung mit Federsystemen, sei es, daß besondere Federn, sei es, daß die Elastizität des zu verziehenden Flügels selbst einer beiderseitigen Abweichung aus einer vorgeschriebenen Normallage entgegenarbeiten sollen. Die mit allen derartigen Federungen prinzipiell neu hinzutretenden Schwierigkeiten liegen einesteils in der Gefahr von Resonanzschwingungen und andererseits darin, daß die Federkräfte nur von der Deformation der gegeneinander beweglichen Teile abhängen, während die zu parierenden Kräfte bzw. Momente von zwei unabhängigen Variabeln mehr abhängen, nämlich der Luftgeschwindigkeit und der Anblasrichtung des Flugzeugs (Trimmwinkel). Diese sind aber bei nicht beschleunigungsfreiem Flugzustand mit entscheidend. Eine Federung, die für einen Flugzustand ganz richtig dimensioniert ist, kann daher in einem anderen Fall versagen. Fälle sind bereits vorgekommen, bei denen namentlich im steilen Gleitflug diese Organe nicht genügten, die Knüppelkräfte zu kompensieren, so daß Unfälle die Folge waren (Hirth, möglicherweise v. Freyberg, Hackmack).

Was nun die verschiedene Raschheit der Reaktion auf Höhensteuergabe anlangt, so kann man, wie die Segelflüge verschiedener Typen (z. B. Rheinland) gezeigt haben, bei kurzem Schwanz auch mit der normalen Schwanzhöhensteuerung bereits so schnelle Anstellwinkeländerungen hervorbringen, daß die in der Folge eintretenden vertikalen Flugzeugschwerpunktsbewegungen weit über das dem Flieger erträgliche Maß hinaus beschleunigt werden können. Wie schnell nun solche Bewegungen ausgeführt werden sollten, hängt in der Tat von den in der Natur vorkommenden vertikalen Windpulsationsfrequenzen ab, wenn deren Ausnutzung wirklich sich lohnt.

Die Praxis hat diese Frage noch nicht zu beantworten vermocht. Die Flugleistungen flügelgesteuerter und schwanzgesteuerter Segelflugzeuge bei den verschiedenen Segelflugveranstaltungen waren durchaus so miteinander vergleichbar, wenn man ihre sonstige jeweilige aerodynamische Güte mit in Rechnung zieht, daß man eine verschiedene Ausnutzung von Windpulsationen durch beide Steuerungsarten nicht für praktisch nachgewiesen ansehen könnte.

Zusammenfassung K.B.-Effekt. Zwar scheint nach dem bisher Entwickelten überhaupt nicht sehr wahrscheinlich zu sein, daß in der Atmosphäre häufig so starke und so vertikale Pulsationen von solcher Regelmäßigkeit vorkommen, — ohne meteorologisch wahrnehmbar geworden zu sein, — daß sie der Größenordnung ihres Energiegehalts nach allein zum vollen Segelflug ausreichen möchten, oder daß es sehr aussichtsreich erscheinen könnte, ihrer Ausbeutung zuliebe andere aerodynamische Konzessionen (oder Mehrgewicht oder dergleichen) in Kauf zu nehmen. Andererseits ist natürlich auch sicher, daß ihre Wirkung nicht ganz gleich Null ist, sondern daß sie mit einem noch so bescheidenen Betrage verringernd auf den Widerstand der in natürlichen Winde sich bewegenden Vögel und Flugzeuge wirken müssen. Immerhin bleibt der K.B.-Effekt eine Erklärungsmöglichkeit für die Sonderfälle von Segelflugerscheinungen, bei denen näherliegende Erklärungen nicht gegeben werden können. Verschiedentlich ist darauf hingewiesen worden, daß Flügel im freien Wind einen geringeren Winderstandskoeffizienten zeigten als im Windkanallaboratorium. Im freien Wind ist allerdings die große Schwierigkeit einer hinreichend exakten Geschwindigkeitsmessung erschwerend für einen einwandfreien Vergleich. Ohne Zweifel kann aber die Verschiedenheit der in verschiedenen Windkanälen ermessenen Widerstandsdaten gleicher Modellkörper auf unterschiedliche Transversalböigkeit des Strahls wenigstens teilweise zurückgefärbt werden.

Extrem große, langsame Pulsationen würden in erster Linie die Flugbahn selbst ändern, und diese Flugbewegungen würden den Effekt erheblich beeinflussen. Dann aber geht das

Problem schließlich in dem allgemeineren auf, nämlich, daß der Führer Aufwindgebiete bevorzuge und Abwindgebiete meide. (Gebiete sowohl örtlich wie zeitlich.)

K.B.-Effekt bei auch horizontaler Böigkeit. Mit den besonderen Betzschen Annahmen ist das Problem der Vertikalpulsationen des Windes nicht erschöpfend behandelt. Die willkürlichste und einschränkendste dieser Annahmen ist die Außerachtlassung jeder horizontalen isochronen Komponente der Böigkeit, die namentlich, wenn sie in die Richtung des Flugkurses fällt, eine nicht unerhebliche Rolle für den Kräfteverlauf spielt. Will man nun die kursparallele Böigkeitskomponente mit berücksichtigen, so ist von vornehmlichem Interesse der Einfluß der Phasenverschiebung zwischen ihr und der Vertikalkomponente.

Wenn es sich um rasche Frequenzen handelt, die ja allein von erheblichem Energiegehalt sind, so kann man damit rechnen, daß der Flugzustand von der Einstellung von Gleichgewicht in tangentieller Richtung stets weit entfernt bleibt. Dann kann man schreiben:

$$w = w_0 \cdot \sin \nu t, \tag{133}$$

$$v = V + v_0 \cdot \sin(\nu t + \varphi_0), \tag{184}$$

wenn mit w die vertikale, mit v die in Flugrichtung fallende Pulsationsgeschwindigkeitskomponente, mit v_0 deren Amplitude und mit V die mittlere Fluggeschwindigkeit bezeichnet wird. Die Luftteilchen würden unter dieser immer noch sehr idealisierten Voraussetzung in einem mit der mittleren Windgeschwindigkeit fortschreitenden Systeme schiefelliptische Bahnen beschreiben. Das Hinzutreten der Horizontalkomponente nach (207) bewirkt nun sowohl eine Änderung der bahnablenkenden Kräfte als eine phasenweise Änderung der Relativneigung des Fahrtwindes. Letzterer kommt die größere Bedeutung zu. Um ein Beispiel zu verfolgen, sei einmal eine kräftige Horizontalamplitude, nämlich gleich der halben Fluggeschwindigkeit angenommen, also bei beispielsweise

$$v_0 = \tfrac{1}{2} V, \qquad \text{so daß} \qquad \tfrac{1}{2} V < v < \tfrac{3}{2} V. \tag{185}$$

Der wirksame Anblaswinkel wird offenbar durch erhöhte Relativgeschwindigkeit v verringert und umgekehrt durch erniedrigtes v erhöht. Das Entgegengesetzte aber gilt für den Auftrieb und den Widerstand. Da die Vortriebserzeugung hauptsächlich während der Aufwindkulmination erfolgt, so ist es offenbar am günstigsten, wenn die Phasenverschiebung φ_0 Null ist. Für diesen günstigsten Fall ergibt das Hinzutreten der Horizontalpulsation unter Umständen sogar eine kleine Verbesserung des Vortriebs sowie des mittleren Auftriebs. Die entgegengesetzte Phasenverschiebung $\varphi_0 = 180^0$ dagegen, d. h. Aufwindmaximum gleichzeitig mit Fluggeschwindigkeitsminimum beeinträchtigt nicht nur den Vortrieb empfindlich, sondern vor allem geht auch fast der ganze Auftrieb verloren, wenn man auf maximalen Vortrieb steuert. Die Ausrechnung der mittleren Beiwerte von Auftrieb und Widerstand auf Grund der Annahmen eines Seitenverhältnisses 1 : 10 und einer Schwankungsamplitude der Vertikalkomponente der Windpulsation im Verhältnis zur mittleren Fluggeschwindigkeit von $w_0 = \operatorname{tg} 7^1/_2{}^0$ ergibt die in nachstehender Tabelle zusammengestellten Werte.

Phasenverschiebung φ_0	Mittlerer Koeffizient von	
	Auftrieb $\bar{C_a}$	Widerstand $\bar{C_w}$
0^0	66,4	—1,89
180^0	5,7	—1,07
Zum Vergleich ohne jede Horizontalböigkeit.	34,0	—1,75

Dazwischen liegende Phasenverschiebungen entfernen sich verständlicherweise weniger von dem in der dritten Zeile wiedergegebenen Wert der ausschließlich vertikalen Pulsation. Denn bei dieser werden die Kräfte gerade in den Auf- und Abwindkulminationen nur wenig geändert. Nur in der Nachbarschaft der Wendephasen ist die Fluggeschwindigkeit beim Steigdurchgang und beim Falldurchgang verschieden, die Anstellwinkel aber, weil ohnedies klein, nur sehr wenig beeinflußt.

Phasenwahrscheinlichkeit in Bodennähe. Kármáns Erklärung des Lilienthalschen Windfahnenparadoxons. Das Zusammenwirken von Aufwindpulsation und Horizontalpulsation interpretiert Schmauck als Schallwellen mit geneigter Wellenfront. Die von ihm darauf gegründete Regel: „Windstoß steigt, Flauwind fällt“, führt ihn zu Bedenken hinsichtlich der Gefährlichkeit gerade des Fliegens dicht über dem Boden gegen den Wind, die in der Erfahrung nicht besonders eine Stütze finden. Dagegen versucht Mohorovičič das umgekehrte Zusammentreffen nämlich von Steigwind und Flaute einerseits und von fallender Bö andererseits meteorologisch zu begründen.

Daß in Bodennähe die letztere Annahme die am häufigsten zutreffende sein muß, erkennt man nach v. Kármán leicht, wenn man sich die Reibung des Windes am Boden als durch Impulstransport verursacht vorstellt. Es dürfen demzufolge offenbar die an sich vielleicht statistisch verteilt vorkommenden vektoriellen Abweichungen von der mittleren (horizontalen) Windstärke bei Berücksichtigung ihrer Häufigkeit bzw. Dauer nicht symmetrisch um die Windfront verteilt auftreten, sondern die Verteilung muß im Meridianschnitt das Bild einer schiefen, und zwar nach Luv umfallenden Ellipse aufweisen. Vgl. Abb. 12. Denn die aus der oberen Schicht kommenden Luftteilchen bringen mehr Bewegungsgröße mit in die untere, da sie aus der freieren, schnelleren Strömung kommen, als die aus der tieferen von der Bodenreibung verzögerten Schicht aufsteigenden nach oben mit auf den Weg bekommen. Es ist auch interessant, daß, wie v. Kármán gezeigt hat, bei Vorhandensein von Bodenreibung und Vertikalimpulsaustausch der zeitliche Mittelwert der Windneigung tatsächlich eine Aufwärtsneigung zeigen muß, obwohl ebensoviel Luft aufströmt wie abströmt. Aus Abb. 12, in der W den mittleren Windvektor darstellt, erkennt man ohne Rechnung, daß die Windneigung in der Steigphase eine größere Amplitude β_+ als in der Sinkphase β_- hat. Denn

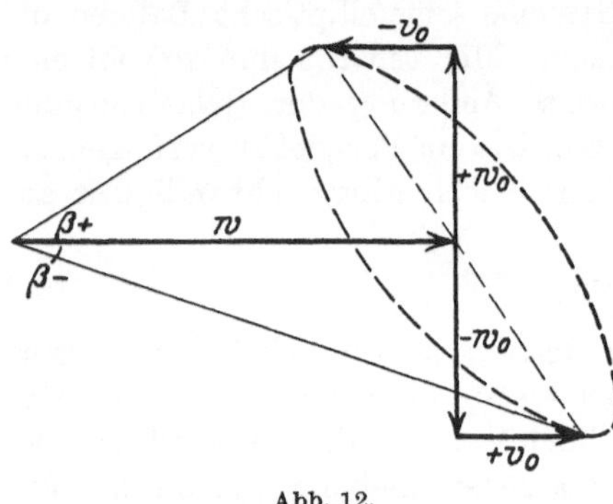

Abb. 12.

$$\operatorname{tg}\beta_+ = \frac{+w_0}{W - v_0} \quad \text{und} \quad \operatorname{tg}\beta_- = \frac{-w_0}{W + v_0}. \tag{186}$$

In der Tat erklärt diese Theorie in sehr zwangloser Weise das sog. Lilienthalsche Paradoxon, nach welchem durch Windfahnenexperimente, die auch von anderer Seite wiederholt worden sind, der Wind eine „aufsteigende Tendenz“ von 3 bis 5° zeige, eine Erscheinung, die Betz schon 1914 als eine zwar gesicherte Beobachtungstatsache, aber als noch rätselhafte Erscheinung bezeichnete.

Abschätzung des Betrages des Windfahnenparadoxons. Um den Betrag des auf diese Weise mit annehmbaren Voraussetzungen über die Windpulsationen erklärbaren scheinbaren Aufwärtsneigung des Windes nach Windfahnenmessungen abzuschätzen, muß man den zeitlichen Mittelwert von β aus der Gleichung

$$\operatorname{tg}\beta = \frac{w_0}{W - v_0} = \frac{w_0 \cos\varphi}{W - v_0 \cos(\varphi + \varphi_0)} \tag{186b}$$

bilden, in welcher $\varphi = \nu t$ die Phase und φ_0 die Phasenverschiebung ist. Bezeichnen wir zur Abkürzung die Verhältnisse der horizontalen bzw. vertikalen Pulsationsamplitude zur mittleren Windstärke mit $\xi = v_0/W$ und $\eta = w_0/W$, so ist der fragliche Mittelwert, den die Windfahnen immer messen:

$$\bar{\beta} = \frac{1}{\pi} \cdot \int_0^\pi \operatorname{arctg} \frac{\eta \cos\varphi}{1 - \xi \cos(\varphi + \varphi_0)} \, d\varphi . \tag{187}$$

Für den Fall der Gleichphasigkeit, wo die Ellipse in eine schiefe Gerade ausartet, und der offenbar die größtmögliche Aufwärtsneigung des Windes vortäuscht, kann man einfach schreiben:

$$\bar{\beta} = \frac{1}{\pi} \cdot \int_0^\pi \operatorname{arctg} \frac{\eta}{\sec\varphi - \xi} \cdot d\varphi . \tag{188}$$

Unter bestimmten Annahmen für die Amplituden der beiden Pulsationskomponenten kann man diesen Mittelwert leicht numerisch ausrechnen. Bei einer Horizontalböigkeit von $\xi = \frac{1}{2}$ (d. h. Windstärke schwankt zwischen 50% und 150% ihres Mittelwerts) müßte die Vertikalkomponente etwa die Hälfte dieses Betrags haben, also $\eta = \frac{1}{4}$, damit der Mittelwert $\overline{\beta}$, die scheinbare Aufwärtsneigung des Windes 4^0 erreicht. (Hierbei ist Phasengleichheit der beiden Komponenten angenommen.) Es ist danach wohl plausibel, daß diese scheinbare Aufwärtsneigung auch in der Natur Beträge annehmen kann, welche bei Windfahnenbeobachtungen auffallen konnten.

Dynamische horizontale Segelmanöver.

Nachdem wir uns soweit mit jenen Einflüssen beschäftigt haben, bei welchen die Vertikalkomponente der Windpulsationen das wesentliche ist, wenden wir uns nunmehr den dynamischen Segelflugmanövern im engeren Sinne zu, bei denen nämlich die Erfassung der Energie der Horizontalböigkeit die Hauptsache ist. Irgendeine methodische Gesetzmäßigkeit in der Struktur des Windes, bzw. der Böen zu finden, haben sich verschiedene Forscher bemüht; irgendein bevorzugter Rhythmus aber, der für die Technik des dynamischen Segelflugs Bedeutung hätte, konnte eigentlich nicht gefunden werden. Die Angaben unserer Windmeßinstrumente haben also in erster Linie Bedeutung als statistisches Material. Dies erschwert die Aufstellung und namentlich die Anwendung einer Theorie des dynamischen Segelns. Zum theoretischen Studium bleibt uns daher nichts anderes übrig, als uns trotzdem idealisierte Böenformen von mathematischer Einfachheit zu erdenken, aus denen wir uns dann auch die komplizierteren Strukturformen der natürlichen Unregelmäßigkeit des Windes durch Superposition aufgebaut denken können.

Zickzackbö. Einige elementare Böenformen mögen uns wieder als Beispiel dienen. Der vielleicht einfachste Fall wird durch eine ständige Schwankung der Windstärke zwischen einem oberen und einem unteren Grenzwert dargestellt, und zwar so, daß eine konstante Beschleunigung in einer konstanten Himmelsrichtung periodisch ihr Vorzeichen wechselt. Dazu wollen wir noch annehmen, daß dieser Beschleunigungszustand in einem Bereich, im Vergleich zu dem die Abmessungen und die Bewegungen des Flugzeugs klein erscheinen, homogen sei, daß also ein großes Volumen der Atmosphäre wie ein starrer Körper hin und her geschüttelt werde. Der Energiegewinn ist, wie wir schon mehrfach gesehen haben, dann ein Maximum, wenn der Flugkurs möglichst stets der momentanen Böenbeschleunigung genau entgegengerichtet ist, so daß die vom Flugzeug erfahrene Trägheitskraft der Widerstandskomponente entgegenwirkt. Der Führer müßte, um dies zu verwirklichen, bei jedem Wechsel der Windbeschleunigung eine Kehrtwendung von 180^0 machen. Irdisch gesprochen: Er müßte beim Anschwellen des Windes diesem entgegen, beim Abflauen aber mit Rückenwind fliegen. In Wirklichkeit kann das Umkehren natürlich nicht so plötzlich, ohne Aufwand an Zeit und Energie vor sich gehen, doch diese Frage wollen wir auf später zurückstellen.

Unter den so idealisierten Bedingungen reicht die Böigkeitsenergie zum dauernden reinen dynamischen Segelflug gerade aus, wenn sich einfach der Betrag unserer Böenbeschleunigungsamplitude „b" zur Intensität der Schwere g verhält wie $c_w : c_a$, d. h. wie die Gleitzahl ε zu 1.

$$b = g \cdot \varepsilon \tag{189}$$

[denn alle andern Posten der Gleichung (171) sind hier = 0]. Die Böenfrequenz γ ist hierfür in der Tat gleichgültig. Sie spielt nur insofern eine Rolle, als sie die Schwankungsamplitude der Windgeschwindigkeit bestimmt, nämlich

$$\Delta w = w_{\max} - w_{\min} = \tfrac{1}{2} \cdot b \cdot T\,, \tag{190}$$

worin $T = 2\pi/\nu$ die volle Schwankungsperiode bezeichne.

Bei einer Gleitzahl von beispielsweise $\varepsilon = 0{,}1$ ergibt sich sonach volle dynamische Segelfähigkeit auf die hier skizzierte Weise, sobald

$$\frac{\Delta w}{T} = \frac{g\,\varepsilon}{2} = \sim \tfrac{1}{2}\,\text{m/sec}^2. \tag{191}$$

Die danach für verschiedene Böenperioden erforderlichen Windschwankungen sind in nachstehender Tabelle zusammengestellt:

$$T = 2 \cdot \Delta w. \qquad \text{(in sec, wenn } \Delta w \text{ in m/sec)}$$

T	1	2	5	10	20	sec.
Δ_w	0,5	1	2,5	5	10	m/sec.

Der Natur unserer Annahmen gemäß, nämlich beschleunigter Atmosphärenkomplex äquivalent einem bewegten starren Körper, gehen Flugzeuggröße, Gewicht und Schwebeleistungsbedarf in unsere Darstellung nicht ein.

Man sieht, daß die Anforderungen an die Wendigkeit des Flugzeugs und die Geschicklichkeit des Führers um so mehr wachsen, je schwächere Böen, die dann eben sehr rasch folgen müßten, zum Segeln ausreichen sollen. Es ist offenbar, in wieweit hier die kleinen Vögel den großen überlegen sind. Jenen sind Wendemanöver von einer Sekunde oder kürzerer Dauer noch leicht ausführbar, und sie können es sich daher leisten, auch recht unbeträchtlich scheinende Unregelmäßigkeiten des Windes durch rasche Manöver zu erfassen.

Um uns nun von den beschränkenden Idealisierungen etwas freier zu machen und einen Einblick in die Energiebilanz tatsächlich ausführbarer Segelmanöver zu erhalten, suchen wir die Korrekturen auf, welche wir an den Formeln (189 bis 191) und der obigen Tabelle anbringen müssen, um einem tatsächlich möglichen Kursänderungsvorgang und einer in der Natur eher vorkommenden Böenstruktur gerecht zu werden.

Was die Böenform, d. h. den zeitlichen Verlauf der Windgeschwindigkeitsschwankung anlangt, so sind ihre Einzelheiten eigentlich für die Beziehungen zwischen der erforderlichen Geschwindigkeitsextremalspanne und der Periodenzahl nur sehr mittelbar von Einfluß, solange die Böigkeit horizontal und auf eine Himmelsrichtung beschränkt bleibt.

Harmonische Bö. Wäre etwa die Bö harmonisch, also sowohl die Windgeschwindigkeit w als ihre Momentanbeschleunigung b je eine Sinusfunktion der Zeit, und sei b_0 die Beschleunigungsamplitude, so wäre als Geschwindigkeitsextremalspanne, die zu jeder Frequenz ν gehört:

$$\Delta w = \int_0^{\pi/\nu} b_0 \sin \nu t \, dt = \frac{b_0 T}{\pi}. \tag{192}$$

Anderseits ist aber auch nur der durch dasselbe Integral gegebene Mittelwert der Beschleunigung $b_m = 2b_0/\pi$, welcher gleich dem Produkt aus Gleitzahl und Fallbeschleunigung $= g\varepsilon$ sein muß, wenn das Flugzeug vollständig dynamisch segeln soll. Dies ändert also an den Gleichungen (199 bis 201) und der letzten Tabelle noch nichts. Diese Darstellung gilt überhaupt für alle beliebigen Böenformen an sich.

Die Vertikalbewegung überlagert sich. Insofern aber ist ein Unterschied gegenüber der Idealform mit konstanter Beschleunigung b, als ein stationäres Vertikalgleichgewicht im horizontalen Flug bei periodisch veränderlicher Beschleunigung nicht mehr möglich ist. Es überlagert sich also, von dem eigentlichen Umkehrvorgang noch immer abgesehen, eine Flugschwingung in der Vertikalebene. Diese verlangt in der Tat eine kleine Zubuße, von der wir in einem früheren Kapitel gesehen haben, unter welchen Umständen sie in sehr bescheidenen Grenzen bleibt. Dort hatten wir gefunden, daß der Leistungsmehrbedarf $\Delta\sigma$ für den Fall der Phygoidbewegung $\frac{3}{2}\xi_0^2$ betrug, worin ξ_0 die Amplitude der Geschwindigkeitsschwankung im Verhältnis zur mittleren Fluggeschwindigkeit bedeutete. Bei langsamerer Frequenz als der phygoidalen sinkt der Wert gleich auf etwa die Hälfte dieses Betrages. Allerdings ist die Phygoidfrequenz ziemlich langsam, nämlich ist:

$$T_p = \pi\sqrt{2} \cdot \frac{v}{g} = 0{,}452 \cdot v \tag{193}$$

[v in m/sec die mittlere Fluggeschwindigkeit, vgl. Gleichung (16)].

Bei den Vögeln und Segelflugzeugen ist sie von der Größenordnung 5 bis 10 Sek. Für Böen, deren Folge auch nicht schneller ist, würde die Vertikalbewegung beispielsweise bei 20% Geschwindigkeitsamplitude bis etwa 6% Leistungstribut fordern. Bei raschen Böen würde der Faktor vor ξ_0^2 zwar größer, dieses letztere aber wieder kleiner sein.

Umkehrverlust. Von erheblichem Betrag ist andererseits das Leistungsopfer, welches der horizontalen Kursänderung gebracht werden muß. Daß es ohne solche nicht abgeht, liegt ja an den atmosphärischen Kontinuitätsbedingungen, nach denen in einer jeden Richtung schließlich gleichviel Anschwellungen erfolgen müssen, da ja sonst die Windstärke in der bevorzugten Richtung ins Ungemessene steigen würde. Früher wurde bereits beachtet, daß die horizontale Kurve um so leistungsschädlicher ist, je schärfer sie ist, bzw. je größer die zu ihr gehörige richtige Flugzeugschräglage wäre. Der Schaden wird also auch hier um so fühlbarer, je kleiner die Periode der auszunutzenden Böen ist.

In Wirklichkeit ist allerdings die Böenform sehr unregelmäßig, und unvorhersehbar, und zweitens wird man selten Gelegenheit finden, zwischen zwei Böenteilen verschiedenen Vorzeichens eine passende Windruhe zur Kursumkehr wahrzunehmen. Es wird also unvermeidbar sein, daß während gewisser Zeitelemente Kursrichtung und Böenrichtung nicht mehr genau entgegengesetzt sind, von den Richtungsschwankungen des Windes dabei noch ganz abgesehen. Nach unserer Darstellung wird dann nur die flugbahnparallele jeweilige Komponente der Bö zur Flugwiderstandsüberwindung ausgenutzt. Die Querkomponente der Bö (in Richtung des Bahnradius) wirkt dagegen schädlich im Momente des Abdrehens aus der Böenrichtung, solange die Bö noch anschwillt, jedoch wieder nützlich im Stadium des Hineinwendens in die Richtung der schon begonnenen Bö. Auf diese Wirkungen, die sich in dieser Form in erster Näherung aufheben, kommen wir noch zurück.

Um den Kursverlust auch zu decken, müssen wir also mehr Böenenergie als nach Gleichung (189) erfassen. Im Mittel nämlich muß sein

$$b = \frac{g\varepsilon}{\cos\beta \cos\delta}, \tag{194}$$

worin δ die Winkelabweichung des Kurses aus der Böenrichtung und die Flugzeugschräglage

$$\beta = \operatorname{arctg}\left[\frac{v}{g}\frac{d\delta}{dt}\right] \text{ sei [1]).}$$

Günstige Kursformen. Man könnte nun fragen, welches die zu irgendeiner Böenform gehörige ökonomischste Kursform ist, und wie groß bei deren Innehaltung der zum dynamischen Segeln erforderliche atmosphärische Böigkeitswert sein müßte. Eine idealisierte Böenform, wie wir sie der Gleichung (189) zugrunde gelegt haben, ließe uns ellipsenähnliche beste Kursformen erwarten. Harmonische Böenform empfiehlt früheres Abwenden, wird daher zu mehr kreisähnlichen Bahnen führen. Diese geometrischen Bezeichnungen sind auf ein mit der mittleren Windgeschwindigkeit fortschreitendes Koordinatensystem bezogen zu denken.

Kreisen in harmonischer Bö. Um ein Beispiel zu rechnen, sei harmonische Bö und kreisförmiger Kurs (also zykloidal zum Boden) angenommen. Das heißt:

$$b = b_0 \cdot \sin \nu t = b_0 \cdot \sin \delta. \tag{195}$$

Die jeweils in die Flugrichtung fallende Böigkeitskomponente ist dann offenbar

$$b_v = b_0 \sin^2 \delta. \tag{196}$$

Der wirksame zeitliche Mittelwert davon ist also während der ganzen Periode δ von 0 bis 2π:

$$\overline{b_v} = \tfrac{1}{2} \cdot b_0. \tag{197}$$

Der zur Ausführung dieser kreisenden Bewegung nötige Vortriebsbedarf ist (unter Vernachlässigung des erwähnten Verlustes infolge der unausbleiblichen Vertikalbewegung) im Hinblick auf Gleichung (18)

$$t_m = g \cdot \varepsilon \cdot \sqrt{1 + (\nu v/g)^2}. \tag{198}$$

[1]) Die wahre Flugzeugschräglage ist allerdings nicht andauernd genau gleich β, sondern

$$\beta^* = \operatorname{arctg}\left[\frac{1}{g} \cdot \left(b \cdot \sin\delta + v \cdot \frac{d\delta}{dt}\right)\right].$$

Für reinen dynamischen Segelflug muß dies gleich $\overline{b}_v$ sein, also

$$b_0 = 2g\varepsilon \cdot \sqrt{1 + (\nu v/g)^2} = 2\varepsilon \cdot \sqrt{g^2 + 4\pi^2 v^2/T^2} \tag{199}$$

$$b_0 = \frac{2g\varepsilon}{\cos\beta} = 2g\varepsilon \cdot \sqrt{1 + (\nu\tau)^2} \qquad (\tau = v/g)$$

Drücken wir auch hier den erforderlichen Böigkeitswert durch die größtnötige Windgeschwindigkeitsdifferenz Δw aus, so finden wir:

$$\frac{\Delta w}{T} = \frac{2}{\pi} \cdot \frac{g \cdot \varepsilon}{\cos\beta}; \tag{200}$$

von dem Nenner $\cos\beta$ abgesehen, ist also der Windschwankungsbedarf $4/\pi$ mal so groß als nach unserer Tabelle auf S. 50. Bei den kurzen Böen kommt nun der Wurzelausdruck bzw. β stark zur Geltung.

Einfluß der Frequenz. Man könnte fragen, ob es besonders günstige Böenperioden gibt, bei denen der Windschwankungsbedarf ein Minimum ist. Mit Berücksichtigung des Umkehrverlustes allein gibt es jedoch solche nicht; denn $\frac{d\Delta w}{dT} = 0$ gibt entweder $T = 0$ (Minimum) oder $T = \infty$ (Maximum). Trotz des Kurvverlustes wären also noch immer die schärferen Kurven bei rascher Böenfrequenz die ergiebigeren in bezug auf gegebene Windgeschwindigkeitsamplitude. Unter Berücksichtigung des Kurvverlusts korrigiert sich die Tabelle auf S. 50 zu der folgenden (wenn $\varepsilon = 0{,}1$ beibehalten wird):

T	2	5	10	20	sec	bei $v =$
Δw	4,2	5,1	7,5	13,2	m/sec	10 m/sec
Δw	8,1	8,5	10,2	15,0	m/sec	20 m/sec

Diese Zahlen lassen erkennen, daß unter den von uns gewählten Annahmen, die in der Natur vorkommenden Windstöße wohl häufig so stark sind, daß sie bei dauernder voller Ausnutzung vielleicht unter Umständen zum dynamischen Segeln ausreichen könnten, daß aber dazu jedenfalls ein hervorragendes Raffinement und eine ungeheure Geschicklichkeit notwendig wäre.

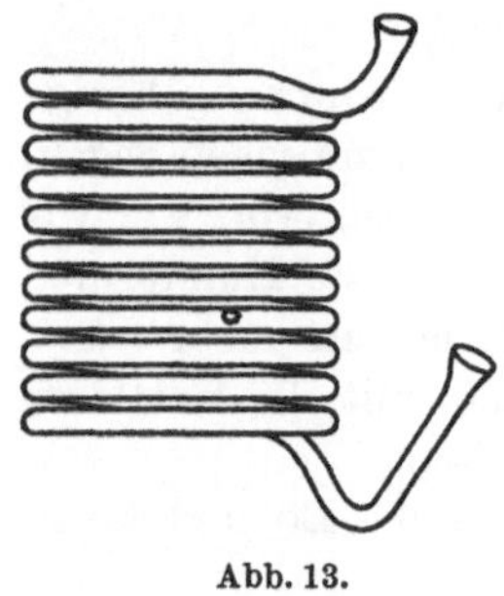
Abb. 13.

Der von uns betrachtete Spezialfall eines einfachen Manövers in harmonischer Bö kann natürlich auch nicht zu weit verallgemeinernd angewendet werden, man müßte sich denn vorstellen, daß der Segler die Böen harmonisch analysieren und sich stets die wertvollsten Komponenten heraussuchen könnte.

Mechanisches Modell (Glasrohrspirale). Unsern kreisenden Flug im harmonisch pulsierenden Winde kann man sehr anschaulich an einem Modell studieren. Zu diesem Zweck habe ich ein Glasrohr von $\sim$ 5 mm lichter Weite nach der Form einer Schraubenlinie mit einem Steigungswinkel von $\sim 1:20$ gewickelt. In dieser Glasspirale (Abb. 13) rollt eine kleine Stahlkugel von 2 bis 3 mm $\varnothing$. Diese Kugel kann man nach einiger Übung leicht durch bloßes horizontales rhythmisches Hin- und Herbewegen der Glasröhre in der Spirale emporsteigen lassen. Die Reibung der Bewegung der Kugel entspricht dabei ziemlich exakt dem Flugwiderstand. Da nun hier die Flugbahn dem Flugkörper vorgeschrieben ist, muß man natürlich trachten, den Rhythmus der erteilten Impulse der Phase der Kugelbewegung anzupassen, während in der Flugpraxis selbstredend umgekehrt der Segler seinen Flugkurs der Folge der Böen anpassen muß.

Schlangenlinienflug. Die zuletzt behandelte Aufgabe gestattet auch noch eine andere Lösung. Anstatt ständig zu kreisen, könnte der Segler auch längs einer Art von Schlangenlinie fliegen, indem er je zwei aufeinanderfolgende Kehrtwendungen in abwechselndem Drehsinn ausführt. Dieses Verfahren verlangt zwar eine noch größere Geschicklichkeit, aber es gestattet dabei auch Strecken quer zum Winde zurückzulegen. Das im Wendepunkte erforderliche Herumwerfen des Flugzeugs von einer Schräglage in die andere wird wesentlich erleichtert, wenn es gelingt, die Kurven ohnehin mehr halbelliptisch zu fliegen, um möglichst reichliche Komponenten der Beschleunigungskulminationen entgegen zu bekommen. Es kann damit sogar die Ausbeute um eine Kleinigkeit gegenüber der letzten Tabelle verbessert werden. Andererseits kann man sich auch in dieser Richtung mit einem mäßigen Kosinus begnügen und die Schlangenschleifen nicht mehr bis zu jeweils vollen 180^0 ausfliegen. Endlich kann man sich mit einem sinuslinienartigen Kurs zufrieden geben, dessen Ausführung erheblich leichter zu bewerkstelligen ist, ohne daß die Ausbeute allzu sehr beeinträchtigt zu werden braucht. Solche S-Schleifen in Böen scheinen mir in der Tat dasjenige Mittel, mit dem man in der Praxis des bemannten Segelfluges noch am ergiebigsten dynamischen Effekte ausnützen kann. Ansätze zur praktischen Verwirklichung dieses Manövers sind verschiedentlich bei den Flügen motorloser Flugzeuge zu beobachten gewesen.

Windrichtungsschwankungen. Zirkular polarisierte Bö. Bisher haben wir nur Böen von konstanter Richtung betrachtet. In Wirklichkeit wird natürlich der prozentuelle Anteil der verschiedenen Himmelsrichtungen wechseln, wenn auch oft eine Richtung (die Windrichtung) die bevorzugte Böigkeitsrichtung sein wird. Daß aber auch quer und schief dazu Beschleunigungen vorkommen, setzt nun den Segler in die Chance, seinen Drehsinn beim Umkehren nach Möglichkeit immer so zu wählen, daß er auch noch gerade einer Seitenbö entgegendreht, von deren Energie er dann auch noch profitiert. Es gibt einen hypothetischen Extremfall, der die doppelte Ergiebigkeit hat wie der bisher betrachtete. Diesen Fall könnte man als kreisenden Flug in einer „zirkular polarisierten" Bö bezeichnen. Damit möchte ich eine Böigkeit beschreiben, bei der der Vektor der Windgeschwindigkeit w mit konstantem Betrag und mit konstanter Drehgeschwindigkeit um eine vertikale Achse rotiert. Der Segler hätte dann lediglich die Aufgabe, stets quer zur jeweiligen momentanen Windrichtung zu fliegen, nämlich entgegen dem Vektor $\frac{dw}{dt}$. Vorstellen könnte man sich einen solchen Flug als Kreisen in einem Luftgebiet, das als Ganzes von außen her gezwungen wird, mit seinem Schwerpunkt um irgendeine feste Achse zu rotieren, ohne sich aber selbst um diesen wandernden Schwerpunkt zu drehen. Alle Punkte dieses Luftbereichs beschreiben also parallele Kreise. Zur Veranschaulichung dieses Segelfluges in einer zirkular polarisierten Bö ist das vorerwähnte Glasrohrmodell sehr lehrreich. Versetzt man es in solcher Weise in eine translatorisch kreisende Bewegung, so gelingt es bereits ohne viel Kunst, die Kugel zum raschen Emporklettern zu veranlassen. Es mag freilich dahingestellt bleiben, ob (etwa in Wirbeln) derartige atmosphärische Störungen vorkommen können. Unzweifelhaft erscheint es aber, daß es einem geschickten Segler durchaus möglich sein muß, elementare zirkularpolarisierte Anteile unter den ihm fortgesetzt begegnenden Windrichtungsschwankungen zu finden und ergiebig auszunutzen.

Die Querkomponente der Bö. Wir haben stets nur die in die Flugbahn genommene Komponente der Böigkeit in Betracht gezogen. Alex. Sée hat sich sehr ausführlich mit der Komponente quer dazu befaßt. Es ist zuzugeben, daß durch darauf hinzielendes seitliches Lavieren des Flugzeuges auch davon etwas gewonnen werden kann. Wegen der geometrischen Addition der Kräfte einerseits und aerodynamischen Auszeichnung der Normalflugrichtung im Flugzeug andererseits kann aber der Effekt nur stets ein Bruchteil dessen sein, was von einer Frontalbö gewonnen werden kann. Immerhin kann ein derartiges Lavieren, das im wesentlichen in einem geringfügigen Heben des Flügels auf der Seite, von welcher die Seitenbö anschwillt, besteht, namentlich dann von gewissem Nutzen sein, wenn man die weiter oben beschriebenen Schlangenflugbewegungen in nur unvollkommenem Maße ausfliegen kann, und stets nur bescheidene Abweichungen von einem mittleren Kurse zuwege bringt, bis man schon wieder wechseln muß, wobei man obendrein fast dauernd quer zur Hauptböenrichtung fliegt.

Böenausnutzung ohne Flugbahnstörung. In den bisher behandelten Beispielen war die Seitenbewegung des Flugzeugs nicht nur eine Begleiterscheinung, sondern ein wesentlicher Bestandteil des dynamischen Segelmanövers. Manche Erfinder aber streben an, ohne jede Flugbahnstörung, lediglich durch Anstellwinkelanpassungen die Longitudinalkomponente der Böen auszunutzen. Daß diese Absicht aber vergeblich ist, erkennt man leicht aus einer Rechnung, wie wir sie zur Berechnung des Leistungsbedarfs der gesteuerten Flugschwingungen angewendet haben. [Gleichungen (67 bis 70, 88, 114).] Die Steuervorschrift, welche das vertikale Gleichgewicht gerade ständig erfüllt, lautet nämlich einfach:

$$\lambda = -2 + 3\xi + \cdots \tag{201}$$

denn der Auftriebsbeiwert muß umgekehrt wie das Quadrat der Geschwindigkeit pulsieren.

$$c_a(1+\lambda\xi)\cdot v^2(1+\xi)^2 = \text{Const.} \tag{202}$$

Nur dann bleibt, wie gewünscht, die Flugbahn eben. Daher wird der Leistungsunterschied $\Delta\sigma$:

$$\Delta\sigma = \frac{1}{2\pi}\cdot\int_0^{2\pi}[(1+\xi)^3(1+\tfrac{3}{2}\xi(-2+3\xi)+\tfrac{3}{4}\xi^2(-2+3\xi)^2)-1]\,d\varphi \quad (\varphi = \text{Phase}) \tag{203}$$

Dies gibt:

$$\Delta\sigma = +\tfrac{3}{4}\xi_0^2. \tag{204}$$

In erster Näherung ergibt sich Null, in zweiter wegen des + Vorzeichens ein Verlust, in Höhe von $^3/_4$ des Quadrats der Amplitude des Verhältnisses der Geschwindigkeitsabweichung zur mittleren Fluggeschwindigkeit. Bei 15 m/sec Fluggeschwindigkeit und $\pm$ 3 m/sec Geschwindigkeitsschwankung ist also der Leistungsbedarf 3% größer als im glatten Fluge. Das Verfahren ist eben kein Böenausnutzen, sondern ein Böenparieren. Beides widerstreitet einander.

Böenausnutzung nur durch Faltflügel. Verschiedentlich wurde auch die Ansicht verfochten, daß es gelingen müßte, mit sogar ganz konstantem günstigsten Anstellwinkel aber trotzdem ohne Störung der geraden Flugbahn den Böen Energie abzugewinnen, nämlich mit einer veränderlichen Flügelgröße, und mittels deren dauernder Anpassung an die momentane Fluggeschwindigkeit. Um dies gleichfalls als Irrtum zu erkennen, braucht man nur zu überlegen, daß ja dann, selbst wenn man gleiche aerodynamische Güte bei allen Flügelverkleinerungen zugestehen wollte, nicht nur der Auftrieb, sondern auch die Widerstandskraft (nicht der Beiwert) trotz aller Fluggeschwindigkeitsschwankungen konstant bleibt. Dieser gleichbleibende Widerstand ist aber der Größe nach gleich demjenigen eines ruhigen Fluges ohne Böen mit mittlerer Flügelentfaltung. Dessen Leistungsbedarf ist aber größer, als wenn dauernd die größtmögliche Flügelgröße zur möglichsten Verringerung der Flächenbelastung bereitgestellt wird, worauf schon auf S. 18 und 37 hingewiesen wurde. Bedenken wir, daß die technische Lösung einer Flügeleinziehvorrichtung schwerlich um eine Verschlechterung des Seitenverhältnisses und relative Vermehrung des Rumpfwiderstandsanteils herumkommen kann, — ein Versuch in dieser Richtung ist allerdings von Gastambide-Mangin 1920 gemacht worden, — so erscheint ein solcher Mechanismus noch weniger aussichtsreich. Die Vögel, welche indessen weitgehenden Gebrauch ihrer so idealen Flügelfaltbarkeit machen, tun dies offenbar nicht im Sinne der vorerwähnten Erfinder, sondern jedenfalls vornehmlich zur Regelung ihrer Fluggeschwindigkeit, z. B. um dieselbe derjenigen von Schiffen, die sie begleiten, oder dergleichen, anpassen zu können.

Vertikale Flugbewegungen zur Böenausnutzung. Kursablenkungen sind also zur dynamischen Ausnutzung von Horizontalböen unvermeidlich. Es ist aber nun offenbar auch prinzipiell möglich, sie anstatt in einer horizontalen Ebene in der vertikalen vorzunehmen, um auf diese Weise, wenn auch Leistungsmehraufwand nicht zu vermeiden ist, wenigstens die unliebsamen ständigen Konzessionen an die etwa beabsichtigte Flugroute zu umgehen. Wir kommen so zu den Bewegungen, welche Lanchester, Marey, v. Kármán ausführlich behandelt und mit einer ungleichmäßig bewegten bzw. hin- und hergerüttelten „russischen Rutschbahn" („scenic railway") verglichen haben.

Ich will mich auf die Betrachtung der Energiebilanz beschränken. Einfachheitshalber sei angenommen, daß der Flugkurs jetzt ganz in ein und derselben Vertikalebene liege wie die Böen. Die Quintessenz des in Rede stehenden Manövers ist zunächst, aufwärts zu fliegen, wenn eine Bö von vorn kommt, und abwärts, wenn sie nachläßt oder eine von hinten kommt. Damit allein ist aber ein Nutzen noch keineswegs unbedingt verbunden. Es kommt noch darauf an, daß eine gewisse Unsymmetrie zwischen der Böenform und der vertikalen Kurvenform geschaffen wird. Es leuchtet nämlich ohne weiteres ein, daß symmetrische Bahnformen in symmetrischen Böenformen keinen Segeleffekt hervorbringen. Darauf wurde schon S. 20 hingewiesen. Man kann es am Beispiel harmonischer Flugschwingungen in harmonisch verlaufender Bö nachweisen. Es sei dafür:

$$b = b_0 \sin\varphi.$$

Die gewonnene Segeltriebkraft (pro Masseneinheit), welche zum dauernden dynamischen Segeln $= g\varepsilon$ sein sollte, ist

$$t_v = \frac{b_0}{2\pi} \cdot \int_0^{2\pi} \cos\alpha \sin\varphi \, d\varphi. \tag{205}$$

Die Flugbahn sei eine Sinuslinie, konphas mit der Windstärkenschwankung (also 90^0 versetzt gegen die Böenbeschleunigung), unter α_0 ansteigend, wenn die Bö gerade am stärksten anschwillt. Dann ist:

$$\operatorname{tg}\alpha = \frac{dz}{dx} = \operatorname{tg}\alpha_0 \sin\alpha, \tag{206}$$

sonach

$$t_v = \frac{b_0}{2\pi} \cdot \int_0^{2\pi} \frac{\sin\varphi \, d\varphi}{\sqrt{1 + \operatorname{tg}^2\alpha_0 \sin^2\varphi}} \tag{207}$$

und das ist:

$$t_v = -\frac{b_0}{2\pi} \operatorname{cotg}\alpha_0 \cdot [\arcsin(\sin\alpha_0 \cos\varphi)]_0^{2\pi} = 0. \tag{208}$$

In dieser Ableitung ist freilich auf eine Veränderlichkeit der Fluggeschwindigkeit keine Rücksicht genommen. Dies hat aber auf das negative Ergebnis keinen Einfluß. Auch bei Berücktigung dieses Umstandes ergibt sich unter Beibehaltung der Bahngleichung (206) eine symmetrische Flugform, nur weicht sie von der Sinuslinie im Sinne der flachen Phygoiden ab, aber zu entsprechenden supplementären Phasen gehören eben doch gleiche Geschwindigkeiten.

Böenlooping. Wellenflug zur Böenausnützung. Dagegen ist ebenso evident, daß ein volles Umkehren in der vertikalen Ebene um 180^0, also ein Looping (auch wenn mit gleichzeitigem „Rolling"), im Tempo der Böenfrequenz einen dynamischen Segeleffekt von derselben Art und Größenordnung hervorbringen muß, wie wir ihn für volle synchrone Wendungen in der Horizontalebene berechnet haben. An Stelle des Horizontalkurvverlusts infolge der Seitenschräglage ist hier der Leistungsmehrbedarf der Vertikalbewegungen, wie wir ihn bei den Phygoiden berechneten, zu berücksichtigen. Diese Überlegung führt nun aber auch gleich zu der Erkenntnis, daß bei vertikalen Segelmanövern mit erheblich weniger als vollen Loopings auch nur ein Bruchteil des vollen möglichen Nutzeffekts zur Geltung gebracht werden kann, genau wie bei jenen Schlangenlinien, die wir als rudimentäre Ansätze zu vollen kreisenden Bewegungen in der Horizontalen erwähnt haben. Es gilt auch hier ein Analogon zu Gleichung (217), mit welcher wir durch $\cos\delta$ den Komponentialbetrag eingeführt haben, welchen die Bö in die Flugrichtung entsendet. Sinngemäß nennen wir diesen Winkel jetzt Bahnerhebungswinkel α, während die Schläglage β nicht mehr in Betracht kommt. Der Böigkeitsbedarf ist sonach:

$$\bar{b} = \frac{\sigma g}{2\pi} \cdot \int_0^{2\pi} \frac{\varepsilon \, d\varphi}{\cos\alpha}, \tag{209}$$

worin σ einen Faktor > 1 bezeichne, der dem Mehrbedarf infolge der phygoidalen oder ähnlichen Vertikalbewegung Rechnung tragen soll.

Wellenflug mit einer Oberschwingung. Wie bescheiden der Bruchteil des ganzen möglichen Effekts ist, den man nur erzielen kann, wenn man mit mäßigen Vertikalbewegungen davonkommen will, möchte ich an einem Beispiel nachrechen. Dazu will ich bei einer harmonischen Böenform bleiben, aber die Bahngestalt durch Überlagerung einer gesteuerten Oberschwingung über die synchrone Grundschwingung „unsymmetrisch" machen. Es sei also:

$$\operatorname{tg}\alpha = \frac{dz}{dx} = \operatorname{tg}\alpha_1 \cdot \sin\varphi - \operatorname{tg}\alpha_2 \cdot \cos 2\varphi. \qquad [\varphi = \nu t] \tag{210}$$

So wird der Anstieg flacher gestaltet als der Abstieg. Zur Bestimmung des Segeleffekts wollen wir diesmal die Zeit 0 von einer um 90^0 gegen unsere frühere Bezeichnungsweise verschobene Phase φ^* rechnen:

$$b = b_0 \cos\varphi^* \tag{211}$$

und die Bahnneigung:

$$\operatorname{tg}\alpha = \operatorname{tg}\alpha_1 \cos\varphi^* - \operatorname{tg}\alpha_2 \cos 2\varphi^* . \tag{212}$$

Den Segelffeekt können wir damit schreiben:

$$\overline{t_v} = \frac{b_0}{2\pi} \cdot \int_0^{2\pi} \frac{\cos\varphi^* \, d\varphi^*}{\sqrt{1 + (\operatorname{tg}\alpha_1 \cos\varphi^* - \operatorname{tg}\alpha_2 \cos 2\varphi^*)^2}} . \tag{213}$$

Solange $\operatorname{tg}\alpha$ etwa den Wert $\frac{1}{2}$ nie überschreitet, kann man mit einiger Annäherung dafür schreiben:

$$\overline{t_v} = \frac{b_0}{2\pi} \cdot \int_0^{2\pi} [1 - \tfrac{1}{2}(\operatorname{tg}\alpha_1 \cos\varphi^* - \operatorname{tg}\alpha_2 \cos 2\varphi^*)^2] \cos\varphi^* \, d\varphi^* . \tag{214}$$

Nur diejenigen Teile dieses Integrals liefern einen Beitrag zum Segeleffekt, welche gerade Potenzen trigonometrischer Funktionen der Zeitphase φ^* enthalten. Diese Posten sind:

$$\overline{t_v} = \frac{b_0}{2\pi} \cdot \int_0^{2\pi} [- \cos^2\varphi^* \cos 2\varphi^* \cdot \operatorname{tg}\alpha_1 \operatorname{tg}\alpha_2] \, d\varphi^* . \tag{215}$$

Das gibt:

$$\overline{t_v} = \frac{b_0 \operatorname{tg}\alpha_1 \operatorname{tg}\alpha_2}{8} . \tag{216}$$

Aus dem Ergebnis dieses Spezialfalles, der ein typisches Beispiel aus der Fülle der kinematischen Modelle zum dynamischen Segelflug in der Vertikalebene bildet, erhellt, daß der Effekt nur durch das Zusammenwirken von Grund- und Oberschwingung zustande kommt. Der Gewinnbetrag ist allerdings bescheiden neben dem $\frac{1}{2}\, b_0$, der voll ausgenutzten harmonischen Bö. Selbst wenn beide Tangensamplituden die Größenordnung $\frac{1}{2}$ erreichen, ist der Effekt noch 16 mal kleiner.

Wir bemerken noch, daß der Segler bei dieser Art des Segelfluges die Aufgabe haben würde, seine Fluggeschwindigkeit so zu regulieren, daß sie auf den steileren Fallbahnen klein, auf den flacheren Steigbahnen aber groß ist, damit die mittlere Vertikalgeschwindigkeit verschwinde. Im allgemeinen wird dieses Manöver nicht ohne Anstellwinkeländerungen vor sich gehen können, welche in zweiter Ordnung wieder einen kleinen Verlust bedeuten. Steilere Steigbahnen und flachere Fallbahnen würden α_1 und α_2 verschiedenes Vorzeichen geben, was einen negativen Segeleffekt, d. h. eine Leistungsabgabe an die Atmosphäre, ein Böenerzeugen bedeutete.

Mechanisches Modell: „Russische Rutschbahn". Von der soeben gegebenen Darstellung etwas abweichend ist eine Untersuchung, mit welcher Prof. v. Kármán etwas eingehender jenes kinematische Modell zum Segelflug studiert hat, welches als „Russische Rutschbahn" bezeichnet wird. Mit seinen Ergebnissen sind die vorhin gewonnenen durchaus im Einklang, obwohl es bei flüchtiger Betrachtung anders scheinen könnte. Den Zusammenhang möchte ich hier noch kurz aufzeigen. v. Kármán betrachtet die Bewegung einer reibungslosen Kugel auf einer Berg- und Talbahn, deren Wellen allmählich ansteigen, und zwar um Δy je Wellenlänge. Die Schiene werde von außen her in eine horizontale, harmonische Längsschwingung versetzt. Für die Geschwindigkeit schreibt er willkürlich auch eine Sinusfunktion der Zeit vor, welche gegen die Anregungsschwingung um eine noch fragliche Phasenverschiebung (bei ihm mit φ bezeichnet) verschoben angenommen wird. Er fragt dann nach derjenigen Schienenform (Flugform), welche (ohne Reibungs- u. dgl. Verluste) die Bedingungen seiner Annahmen erfüllen würde. Durch Gleichsetzen der Änderung der Summe von kinetischer und potentieller Energie der Kugel, gleich der durch die Trägheitskräfte übertragenen Arbeit, d. h. gleich dem Zeitintegral des Produkts aus Trägheitskraft der Kugel mal ihrer jeweiligen Geschwindigkeit ($u = u_0 + u_1 \sin\lambda t$) ($\lambda$: bei Kármán die Böenfrequenz) bestimmt er zunächst unter Vernachlässigung der Glieder zweiter Ordnung die Flughöhe y als ungefähre Sinusfunktion der Zeit mit Phasenverschiebung und benutzt diese erste Näherung zum Einsatz in die quadratischen Glieder der bis auf die höheren Glieder vollständigen Leistungsgleichung. Deren Mittelwerte verschwinden dann natürlich bis auf das Glied mit $\cos^2 \lambda t \sin \varphi$. Dieses liefert den periodischen Höhengewinn $\varDelta y$

$$\varDelta y = \frac{\pi\, w\, u_1 \sin\varphi}{2\,g}. \tag{217}$$

Nun ermittelt er diejenige Phasenverschiebung φ, für welche der Gewinn am bedeutendsten wird aus $\frac{d\varDelta y}{d\varphi} = 0$ zu:

$$\operatorname{tg}\varphi = -\frac{g\,h}{u_0\,w}, \tag{218}$$

worin u_0 unserer Fluggeschwindigkeit v entspricht. Die Höhe h ist dabei die (halbe) Höhenamplitude der Wellenbahn. Wählt man stets die günstigste Kombination von Phasenverschiebung φ und Höhenamplitude h, so ist nach v. Kármáns Ableitung der allperiodische Höhengewinn:

$$\varDelta y = \frac{\pi \cdot h \cdot w}{u_0} \tag{219}$$

ein sehr einfaches Resultat, von dem wir uns überzeugen wollen, wie es mit unseren Überlegungen und Ergebnissen zusammenhängt.

Natürlich steckt implizite die Böenfrequenz in der Formel schon darin, da sie bestimmt, wie oft der Höhengewinn $\varDelta y$ erzielt wird. Natürlich ist es auch nicht möglich, den Böennutzen etwa dadurch immer höher zu steigern, daß man die Wellenhöhe h ins Ungemessene treibt. Das ist flugtechnisch gar nicht ausführbar, außerdem würde dann die Flugbahn so steile Phasen aufweisen, daß die hier angewendete Annäherungsrechnung unzulässig ungenau würde. Die Wellenhöhe steht in gewissem Zusammenhang mit der Geschwindigkeitshöhe $H_n = \frac{u_0^2}{2g}$, um welche verlustlos heraufzusteigen gerade die mittlere kinetische Energie ausreichen würde Das Verhältnis der Wellenhöhe zu dieser Geschwindigkeitshöhe bestimmt in ähnlicher Weise den Typ bzw. die Form der Flugbahn, wie wir dies bereits bei den Phygoiden kennen gelernt haben. In der Tat gibt es sogar eine obere Grenze, nämlich $h_{\max} = \frac{u_0^2}{g} = 2\,H_n$. Das sehen wir leicht ein, wenn wir in Gleichung (30) H_s immer tiefer gegen ∞ rücken lassen, so daß die Schlingenphygoiden immer kreisähnlicher werden. (Daß der Durchmesser dieser extremsten Schlingenphygoiden wirklich der unter den Phygoiden vorkommende größte Vertikalabstand des oberen und unteren Scheitelpunktes ist, kann man beweisen, indem man Gleichung (28) einmal $= 1$ und ein andermal $= -1$ setzt, beide Male den Ausdruck $\frac{dK}{d\,(H/H)_n}$ bildet und die beiden gleichsetzt. Dies geht nur für $H = 0$ (Minimum) oder $H = \infty$ (Maximum). Wir können nun mit Fug das Verhältnis der Wellenamplitude zur doppelten Geschwindigkeitshöhe als

$$\frac{h\,g}{u_0^2} = \varPhi, \tag{220}$$

(Völligkeit $\varPhi$ des Manövers) bezeichnen. Volle Völligkeit $\varPhi = 1$ bedeutet vollständiges Umkehren im kreisförmigen Looping, und damit eine Böenausnutzung, von der wir früher gesehen haben, daß sie noch etwas kleiner (das $\frac{1}{4}\pi$-fache) ist als die größtmögliche bei unendlichraschem verlustlosem Umkehren im Böenwechsel. Die Völligkeit $\varPhi < 1$ gibt uns nun ein sehr anschauliches Maß des Bruchteils, der nun davon bloß bei dem betreffenden Manöver ausgenutzt wird. Wir schreiben also:

$$\varDelta y = \frac{\pi \cdot \varPhi \cdot u_0 \cdot w}{g}. \tag{221}$$

Wir bedenken nun, daß uns weniger die reibungslose Kugel, sondern ein mit der mittleren Gleitzahl ε behaftetes Flugzeug interessiert, das während derselben Periode T (in erster Näherung) um das Maß $u_0 \varepsilon T$ gesunken wäre. Damit der Energiegewinn gerade zum Schweben ausreiche, müßte beides gleichgesetzt werden; also:

$$\pi \cdot \varPhi \cdot w = g \cdot \varepsilon \cdot T. \tag{222}$$

Wenn wir unsere Windgeschwindigkeitsdifferenz $\Delta w = 2\,w$ wieder einführen, so erhalten wir:

$$\frac{\Delta w}{T} = \frac{2 \cdot g \cdot \varepsilon}{\pi \cdot \Phi}. \tag{223}$$

Dies ist aber nichts anderes als unsere Gleichung (223), welche den Böenbedarf des horizontalen Kreisens in horizontal harmonischer Bö angab. Nur an die Stelle des Schräglagenverlusts $\cos\beta$ ist hier der Verlust infolge mangelhaftiger Völligkeit Φ getreten.

Wenn wir weiter die von v. Kármán angegebenen Bahnkurven betrachten, so möchten wir bemerken, daß auch bei den Abb. 14 und 15 das notwendige Höhensteuermanöver aus zwei überlagerten harmonischen Komponenten bestehen muß, einer mit der Bö synchronen, um die Schwingung von der natürlichen Phygoidenperiode auf die Böenperiode zu zwingen und einer doppelt so schnellen Oberschwingung, um die Unsymmetrie der Bahn hervorzubringen, welche für die Erzielung eines Nutzens grundlegend ist. v. Kármán wies auch darauf hin, daß die Analogie zwischen Rutschbahnmodell und dynamischem Segelflug keine ganz vollkommene ist, weil auch für Wahrung des bahnnormalen Gleichgewichts Sorge getragen werden muß. Ohne faltbare Flügel ganz besonderer Art, ist dieser Einfluß in der Tat von Bedeutung und in früheren Kapiteln schon besprochen worden. Weil aber dieser Einfluß einen Verlust bedingt, der doch nur von den Quadraten der Fluggeschwindigkeitsschwankungen abhängt, sind wir eben mit einiger Annäherung berechtigt, die Ergebnisse der Theorie des Leistungsbedarfs der Phygoiden auch auf die Fälle des dynamischen Segelfluges wie eine Korrektur anzuwenden, wie wir es mit Einführung des Faktors σ bereits getan haben.

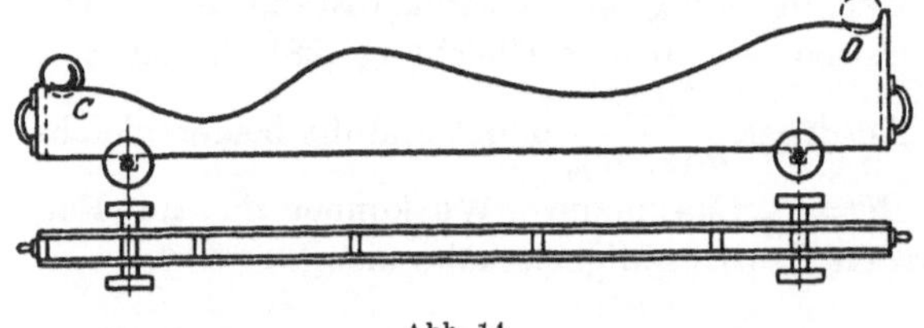

Abb. 14.

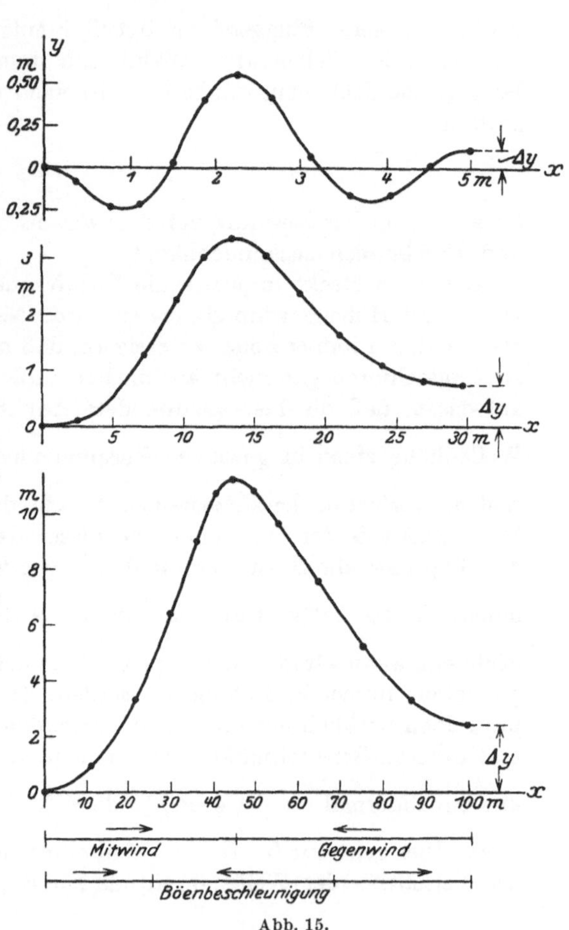

Abb. 15.

Böenmeteorologie.

Böenmessung. Kritische Windstärke. Zur Beurteilung der Aussichten, ob bzw. wann und wo dynamischer Segelflug der Vögel vorliegen kann, bzw. von bemannten Maschinen ausführbar wäre, ist ein Überblick über die tatsächlich in der Atmosphäre vorkommenden Windschwankungen notwendig. Der erste, der sich mit einer genaueren Messung der Windpulsationen im Hinblick auf das Problem des dynamischen Segelfluges beschäftigte, war wohl Langley, der 1893 die Trägheit seiner Anemometer so weit als möglich zu verringern strebte. Später wurden genauere Messungen von vielen Seiten gemacht. Eine zusammenfassende Auskunft über dieses Thema gibt M. Robitzsch auf Grund zahlreicher und zitierter Experimente. Der Betrag der atmosphärischen Böigkeit hängt nach seinen Ausführungen in eigentümlicher Weise mit der gleichzeitig zu beobachtenden mittleren Windgeschwindigkeit zusammen. Solange die Windstärke einen gewissen Schwellenwert (bei Potsdam ~ 4 bis 5 m/sec) nicht überschreitet, ist die turbulente Bewegung in der Atmosphäre bemerkenswert gering. Wächst die Windstärke über diesen Schwellenwert, so tritt auf einmal ein deutlich böiger Charakter des Windes in Erscheinung, die Strömung erhält dann einen merklich höheren Grad von Turbulenz. Diese Tatsache läßt sich zwar nicht immer und überall beobachten. Im Gegenteil sind auch schon relativ starke Winde von auffallender Gleichmäßigkeit zu beobachten gewesen, allerdings meist an hierfür besonders geeigneten Orten. Es ist klar, daß die kritische Windgeschwindigkeit, oberhalb welcher die Böigkeit beträchtlich wird, von der Bodenbeschaffenheit wesentlich abhängen muß. Unter der Annahme, daß dieser kritische Zustand etwa identisch wäre mit jenem, bei welchem bei einer Reynoldsschen Zahl von $\sim 10^5 \div 10^6$ der Widerstandskoeffizient der Rauhigkeitselemente eine plötzliche Verminderung erfährt, und möglicherweise die geordneten Kármánschen Wirbelstraßen der einzelnen Rauhigkeitselemente einer ungeordneten, impulstransportierenden Wirbelung Platz macht, kann man aus der Beobachtung der kritischen Windstärke das wirksame Rauhigkeitselement der betreffenden Gegend abschätzen. Es ergäbe sich für die Potsdamer Beobachtungsstelle als von der Größenordnung einiger Meter. Bei gröberer Rauhigkeit wäre das Eintreten erhöhter Turbulenz bereits bei geringerer Windstärke zu erwarten und umgekehrt. Im allgemeinen wird man also nur an extrem ruhigen Tagen oder Nächten oder über extrem glatten Geländeflächen vollständige Böenfreiheit und grundsätzliche Unmöglichkeit dynamischen Böensegelns vermuten dürfen. Es kann übrigens auch sein, daß, wie Robitzsch vermutet, weniger die mechanische Wirkung der Bodenbeschaffenheit als die durch letztere freilich auch

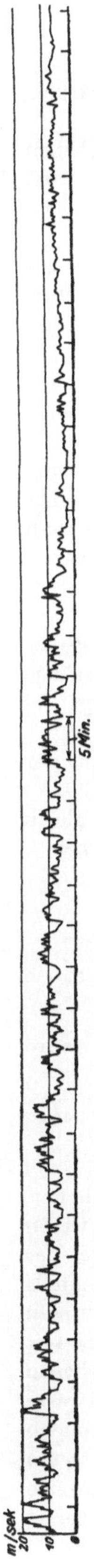

Abb. 16a.

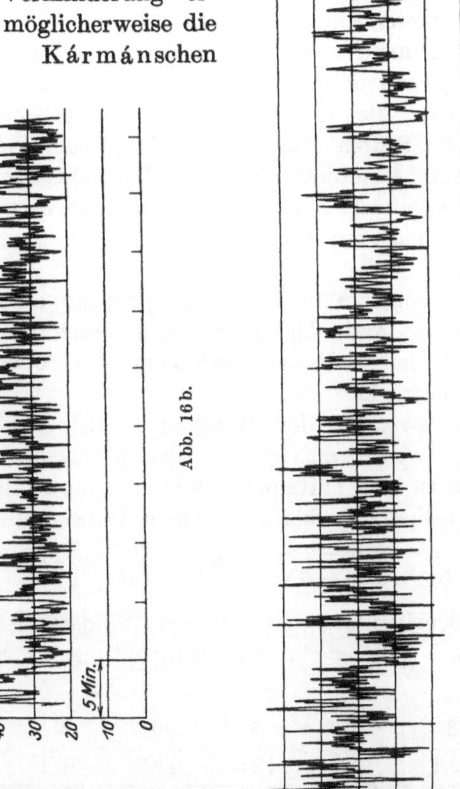

Abb. 16b.

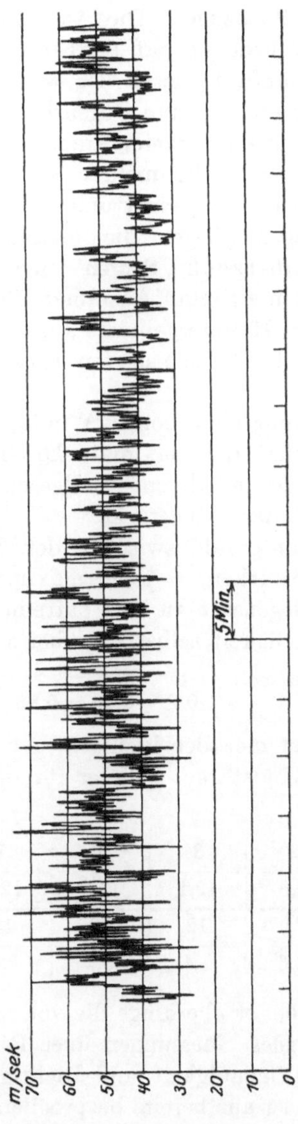

Abb. 16c.

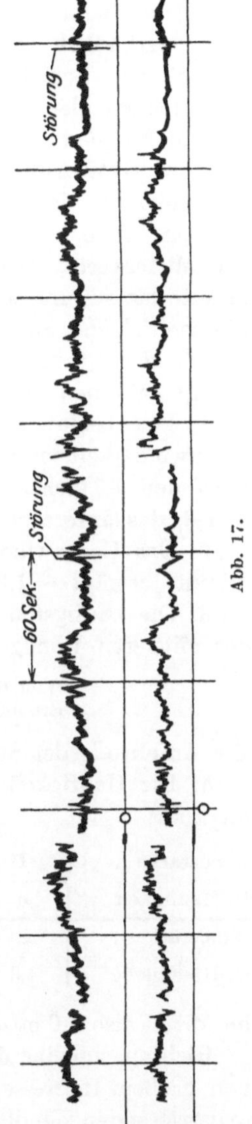

Abb. 17.

mit beeinflußten thermischen Gleichgewichtsstörungen in der Atmosphäre die Böigkeit bestimmen.

Beispiele von anemographischen Böenregistrierungen geben die beiliegenden Blätter (Abb. 16). Es sind teils Normal- teils Schnellregistrierungen bei verschiedenen mittleren Windstärken, aufgenommen von der Meteorologischen Zentralanstalt in Wien.

Böenstruktur und Häufigkeitskurven. In den Windregistrierungen nach ausgesprochenen Periodizitäten zu suchen, ist ein unfruchtbares Unternehmen. Dagegen hat Robitzsch wohl aus der Fülle des Registriermaterials gewisse Pulsationskomplexe, „Fugen", herausanalysiert. Solche typische Komplexe bestehen z. B. aus dem gegenläufigen Vorläufer, der Hauptstörung und dem Nachläufer eines Böenzuges. Dies ist vom Standpunkte der Grenzschichtentheorie sehr verständlich, wenn man bedenkt, daß der Störung, welche sich gegen den Gradienten fortpflanzt, eine Schicht voranläuft, in deren der Begrenzungsfläche anliegenden Gebieten wegen der zunehmenden Grenzschichtdicke eine Gegenströmung angesaugt wird.

Die Frequenzen der Störungen stärkster Amplituden pflegen nach den Schnellregistrierungen von der Größenanordnung einer oder mehrer Sekunden zu sein. (Vgl. die wiedergegebenen Schreibkurven des Frankfurter Doppelinstruments von Prof. Linke und die Wiener Dines-Kurven, Abb. 17.) Dagegen pflegen die mäßigen aber ausgesprochenen Schwankungen der Mittelwerte, welche Robitzsch „Stufen" nennt, von der Dauer eines Bruchteils einer Minute bis zu einiger Minuten zu sein. Aus einer Fülle von Beobachtungen leitet Robitzsch die nachfolgend aufgezählten Hauptergebnisse ab, die ich bei der Durchsicht der Böenregistrierungen der Marinewetterwarte Wilhelmshaven 1917 bis 1920 (—) im großen und ganzen bestätigt gefunden habe.

1. Die absolute Schwankung eines böigen Windes ist nahe proportional der mittleren Windgeschwindigkeit und zwar hat die maximale Differenz der äußersten Schwankungsextreme etwa den 1,7fachen Wert der mittleren Windgeschwindigkeit. Das obere Extrem liegt bei $\sim 1{,}9$, das untere bei $\sim 0{,}2$ der Windstärke.

2. Das Geschwindigkeitsintervall, zwischen den Hauptzonen der Maxima und denen der Minima beträgt $\sim 1{,}3$ Windstärken, $= \frac{3}{4}$ der maximalen Schwankungsdifferenz.

3. Die häufigsten (im Gegensatz zu den extremen) Böigkeitsamplituden sind etwa gleich der mittleren Windgeschwindigkeit selbst, nur bei schwachem Wind weniger: nämlich bei

Windstärke m/sec.:	1	2	3	4	6	6 und mehr
Bruchteil:	0,2	0,49	0,86	0,93	0,98	1

Die Amplitude der Stufen ist merklich kleiner, $^1/_3$ bis $^2/_3$ der Windstärke.

4. Die Häufigkeit der Windstärken gibt er für den Beobachtungsort Münster a. Stein wie folgt an:

Windstärke . .	1	2	3	4	5	6	7	8	9 m/sec
$^0/_0$ Häufigkeit .	6	9,5	12,1	13,2	12,6	11,5	10,1	8,1	6,0
Windstärke . .	10	11	12	13	14	14	15	16	17 m/sec
$^0/_0$ Häufigkeit .	4,3	2,6	1,4	0,9	0,6	0,6	0,6	0,3	0,2

im Mittel also 5,6 m/sec, wobei er allerdings die vollständigen Windstillen nicht mitgezählt hat.

Richtungsunruhe des Windes. Messungen über Richtungsschwankungen des Windes wären von großem Interesse. Die Genauigkeit und Richtigkeit der verbreitetsten Instrumente, der registrierenden Windfahnen, ist aus bereits besprochenen Gründen nicht einwandfrei. Jedenfalls ist klar, daß mit der Zunahme der Longitudinalpulsationen bei Überschreitung einer gewissen kritischen Windstärke auch eine Zunahme der Richtungsunruhe des Windes einhergeht. Soweit man nach dem Gesagten daraus Schlüsse ziehen darf, ließ sich aus den vier durchgesehenen Jahrgängen der Aufschreibungen des Steffens-Hedde-Böenschreibers der Marinewetterwarte Wilhelmshaven erkennen, daß die mittleren Richtungsschwankungen nach den Diagrammen an den meisten Tagen von der Größenordnung $\pm 20^0$ sind. Extrem starke Drehungen treten naturgemäß öfter bei starken Winden auf. Andererseits fand sich auch eine bemerkenswerte Anzahl von Fällen, wo bei starken Winden große Beständigkeit der Richtung, und anderer-

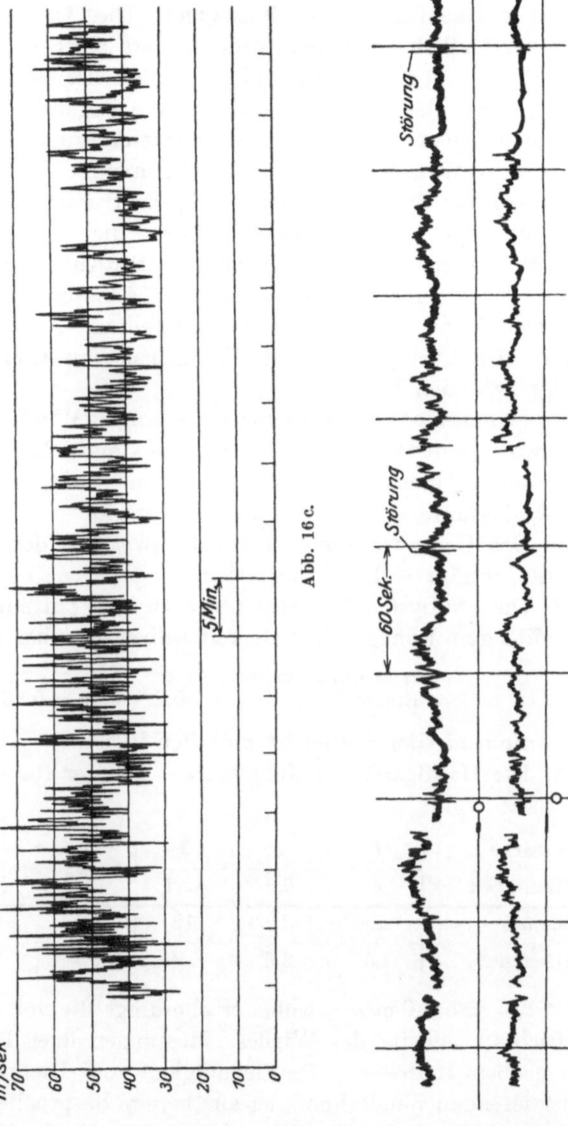

seits solche, wo bei mäßiger Windstärke außergewöhnliche Richtungsunruhe registriert waren. Das statistische Material läßt sich etwa in folgender Tabelle zusammenfassen:

Windstärke m/sec	Mindeste	Normale	Höchste
	Richtungsunruhe		
1	—	+ 15°	+ 45°
2	+ 5°	+ 15°	+ 60°
4	+ 10°	+ 20°	+ 90°
6	+ 10°	+ 30°	+ 90° } bisweilen
8	+ 15°	+ 40°	+ 90° } 180°

Die Frequenzen der Richtungsschwankungen scheinen nach diesen Diagrammen von derselben Größenordnung wie die zugehörigen der Windstärkenschwankung zu sein. Indessen sind diese Schlußfolgerungen getrübt, sowohl durch die Störungen in der Nachbarschaft des Instrumentenaufstellungsortes als durch die Unvollkommenheit der Apparate selbst. Vor allem ist die Trägheit der Organe zur Windrichtungsmessung leider bei allen gebräuchlichen Apparaten viel zu groß, um einen tieferen Einblick in die Windstruktur zu bekommen. Modernere Messungen mit vollkommeneren Meßinstrumenten sind indessen an verschiedenen berufenen Stellen im Gang.

Windvektormesser. Taylor und Shaw berichten über Messungen durch Beobachtungen eines gefesselten Ballons sowie an einer besonders guten Windfahne auf einem hohen Schornstein. Nach ihren Feststellungen ist in einiger Entfernung vom Boden die Verteilung von Frequenz, Amplitude und Energie der Pulsationen nach allen drei Raumachsen ziemlich gleichmäßig. Es sind daher weder die longitudinalen, noch die transversalen oder etwa die vertikalen Pulsationen und Ergiebigkeit bevorzugt.

Ein verhältnismäßig weit vervollkommneter Apparat ist der Gerdiensche Anemoklinograph von Siemens & Halske. Er verwendet eine kombinierte elektrisch-aerodynamische Meßmethode. Der Betrag der Windgeschwindigkeit wird aus dem Druckunterschied auf Vorder- und Hinterseite einer besonders gestalteten Stauscheibe erschlossen. Der Windelevationswinkel wird aus dem Druckunterschied an zwei auf einem wagrechten Stauzylinder auf luv exzentrisch-symmetrisch angebrachten Spalten ermittelt. Diese Druckdifferenzen blasen je durch Düsen auf ein Hitzdrahtinstrument, dessen Widerstandsänderung infolge der Stromwärme minus Windkühlung elektrisch angezeigt oder oszillographisch registirert wird. Der Azimutwinkel des Windes wird elektrisch mittels eines Schleifwiderstands fernübertragen, indem das ganze Instrument als Windfahne um eine vertikale Achse drehbar montiert ist. Damit hat es aber auch alle Nachteile der Windfahnen mit diesen gemeinsam. Infolgedessen und wegen der umständlichen Bedienung und seiner Kostspieligkeit in Anschaffung und Betrieb ist die Anwendbarkeit des Instrumentes indessen beschränkt.

Am Frankfurter meteorologischen Institut sind Versuche gemacht worden, durch eine Art Plattensonden einen Komponential-Staudruck zu messen. Wenn in der Vertikalebene Richtungsschwankungen nicht zu erwarten sind, ist der vielfach vorgeschlagene Zylinder mit zwei in einigem Winkelabstand beiderseits des Staupunktes angeordneten Sondenlöchern oder eine Gabel aus 2 unten 120° gespreizten Stauröhrchen verwendbar (bei Abwesenheit von Seitenstörungen ein ähnlicher horizontaler Apparat). Vollkommener ist vielleicht die von von Lössl vorgeschlagene Kugel mit drei symmetrisch auf Luv um die mittlere Staupunktslage verteilten Sondierlöchern. Aber alle diese Instrumente verlangen wegen der geringen Drücke und ihrer ungestörten Aufstellungen und daher langen Rohrleitungen außerordentlich subtile registrierende Feinmanometer, deren es nur sehr wenige gibt. Ich habe versucht, an Stelle der drei Anbohrungen auf der Kugel drei kleine Hitzdrähte zu verteilen. Infolge des komplizierten Zusammenhangs zwischen der Widerstandsänderung des Drahtes und der örtlichen Geschwindigkeit konnte aber ein solches Instrument noch nicht über das Stadium eines Nullmethodeninstruments hinaus entwickelt werden. Als solches ist es zur Schwankungsaufzeichnung noch nicht verwendbar.

Windfahnendämpfung. Auch der Verbesserung der Windfahne wurde Aufmerksamkeit geschenkt. Messungen in dieser Richtung hat in letzter Zeit der niederländische Rijks-Studie-Dienst voor de Luchtvaart ausgeführt. Ausgehend von der (auch in dem eben zitierten Bericht aufgeworfenen) Frage, wie eine Windfahne dimensioniert sein müsse, damit sie sich aperiodisch in die jeweilige Windrichtung einstellen möchte, gelangt man zu einer verhältnismäßig einfachen Vorschrift, von der man sofort erkennt, daß alle gebräuchlichen Windfahnenanordnungen weit davon entfernt sind, ihr zu genügen, und darum logischerweise nicht stets die wahre Windrichtung zeigen können. Wir gehen von vornherein von der durch die holländischen Messungen durchaus bestätigten Annahme aus, daß Windfahnen mit Flossen von gutem Seitenverhältnis, einfachem, symmetrischem Profil und großem Hebelarm noch die aerodynamisch günstigsten Anordnungen darstellen und beschränken unsere Betrachtung auf solche.

Wir betrachten die Windfahne in einem Augenblicke, wo sie aus der richtigen Lage noch um einen Fehlerwinkel φ abgelenkt sei und eine Drehgeschwindigkeit $\dot{\varphi} = d\varphi/dt$ noch besitzen möge. Der aerodynamisch wirksame Radius vom Drehpunkt bis zum Druckpunkt sei r. Der momentane Anblaswinkel zwischen der Fahnenmittellinie und der Resultierenden aus der Windgeschwindigkeit v und der Umfangsgeschwindigkeit $r\dot{\varphi}$ des Druckpunkts sei mit α bezeichnet. Die Flosse der Fahne habe einen Flächeninhalt F und der für die Rückführung in die richtige Lage in Frage kommende Normalkraftskoeffizient der Luftkraft sei c_n. Glieder zweiter Ordnung wollen wir vernachlässigen und uns auf kleine Schwingungen beschränken. Dann können wir auch den Koeffizienten c_n als dem wirksamen Anblaswinkel proportional ansetzen. Der Proportionalitätsfaktor $dc_n/d\alpha$ werde kurz mit c_n' bezeichnet.

Dann lautet der Momentenansatz für die Drehbewegung:

$$J \cdot \ddot{\varphi} = -c_n' \cdot \left[\varphi + \frac{r}{v}\dot{\varphi}\right] \cdot v^2 \cdot \frac{\gamma}{2g} \cdot F \cdot r, \tag{224}$$

worin noch J das polare Trägheitsmoment der ganzen drehbaren Anordnung um die Windfahnendrehachse und γ das spezifische Gewicht der strömenden Luft bzw. Flüssigkeit bedeutet. $[\ddot{\varphi} = d^2\varphi/dt^2]$. Die Schwingungsgleichung lautet also

$$\ddot{\varphi} + A \cdot v \cdot r \cdot \dot{\varphi} + A \cdot v^2 \cdot \varphi = 0, \tag{225}$$

worin zur Abkürzung

$$A = \frac{c_n' \gamma F r}{2gJ}.$$

Die Aperiodizitätsbedingung dafür lautet: $A \cdot r^2 = 4$, also:

$$\frac{J}{F \cdot r^3} = \frac{c_n'}{8} \cdot \frac{\gamma}{2g}. \tag{226}$$

Nun ist bekanntlich bei guten symmetrischen Profilen und bei den etwa in Frage kommenden Seitenverhältnissen von bis etwa 1:7 mit ziemlicher Konstanz $c_n' \sim 4$. Damit vereinfacht sich unsere Aperiodizitätsbedingung zu:

$$\frac{J}{F \cdot r^3} = \frac{\gamma}{2g}. \tag{227}$$

Eine weitere Vereinfachung können wir uns erlauben, wenn, und das wird bei allen guten Windfahnen ohnehin ziemlich zutreffen, der aerodynamische Radius, der etwa bis zum vorderen Viertel der Flossenlänge reicht, ungefähr gleich dem Trägheitsradius der Massenanordnung ist. Dann kommt es nur noch auf das Gewicht G der ganzen Windfahne an, in dem alles mitdrehende Gestänge soweit mit eingerechnet zu denken ist, daß eben $J/G \sim r^2$, und wir können schreiben:

$$\frac{G}{F \cdot r} = \tfrac{1}{2} \cdot \gamma. \tag{228}$$

Der Inhalt dieser Formel gestattet eine sehr anschauliche Interpretation: Denkt man sich das Gewicht der Windfahne, G, auf ein Volumen aus Flossenfläche F mal Hebelarm r verteilt, so darf dieses so definierte Gewicht pro Raumeinheit nur halb so groß sein wie das spezifische Gewicht γ des strömenden Mediums (der Luft). Beide spezifischen Gewichte sind natürlich in gleichen Einheiten zu messen. Man sieht, daß es außerordentlich schwer ist, eine Windfahne so leicht zu bauen, daß sie dieser Forderung auch nur einigermaßen nahe kommt. Beispielsweise dürfte eine Windfahne von 50 cm Hebelarm und mit einer Flosse von 64 cm Spannweite und 15 cm Länge nur ein Gewicht von 30 g haben, um sich aperiodisch einzustellen. Die Erforschung der Richtungsschwankungen des Windes und bewegter Gasströme im allgemeinen ist also noch eine dankenswerte Aufgabe.

Sonstige Böenforschung. Prof. Linke in Frankfurt hat versucht, Aufschluß über die Kohärenz von Böen zu gewinnen, indem er die Angaben zweier in Windrichtung um 13 m voneinander entfernt frei aufgestellter Düsensaugrohre auf einen gemeinsamen Streifen photographisch simultan registrieren ließ. Eine Probe einer solchen Registrierung ist Abb. 17, welche ich seiner Freundlichkeit verdanke. Während die Windstufen von minutlicher Dauer sich in den beiden Aufzeichnungen ganz deutlich identifizieren lassen, ist dies für die Feinstruktur nicht der Fall.

Endlich hat noch Barkow durch Thermoelemente von geringer Wärmekapazität die Böenstruktur und die atmosphärischen Temperatur-Kleinschwankungen gleichzeitig erforscht, ohne daß jedoch zwischen beiden ein ganz eindeutiger Zusammenhang sich offenbart hätte.

Vergleich der Böenenergie mit dem Flugleistungsbedarf. Vergleichen wir die in der Atmosphäre nach den Beobachtungen der Meteorologen vorkommende Böigkeit mit dem Böigkeitsbedarf des dynamischen Segelflugs in seinen verschiedenen Ausführungsarten, so kommen wir zu folgendem Ergebnis: Bei dem am häufigsten herrschenden Windzustand ($3 \div 6$ m/sec mittlere Windstärke) würde die normale Böigkeit ($\triangle w = 3 \div 6$ m/sec) in Perioden von $2 \div 6$ Sekunden zum dynamischen Segeln im idealen Falle vollständiger Energieerfassung bereits für bescheidene Gleitzahlen ausreichen. Nimmt man nun einen Wirkungsgrad der Böenausnutzung von etwa 0,5 mit Rücksicht auf die Umkehrverluste in Kauf, so würde ein Segelflugzeug mit guter Gleitzahl ($\varepsilon = 0{,}1$) doch noch fast etwa soviel Böenenergie durchschnittlich begegnen, als zum dynamischen Segeln ausreichen könnte, wenn es der Führer darauf abzielte und über hinreichende Kenntnis und Geschicklichkeit verfügt. An Tagen oder in einem Gelände, wo die Böigkeit die normale erheblich übersteigt, ist dagegen die energetische Grundlage zur Ermöglichung des dynamischen Segelns auch dann gegeben, wenn der Führer aus Mangel an Übung und Erfahrung nur einen Bruchteil der Gelegenheiten wahrnimmt und nur einen Bruchteil der erfaßten Energiequellen ausschöpft und selbst hie und da vollständige Fehler macht. Letzteres ist natürlich unvermeidlich, da es ja kaum einen Anhaltspunkt zum Vorherahnen der Böen gibt. In diesem Zusammenhang ist es auch verständlich, daß die segelnden Vögel unserer Breiten kaum mehr als ~ 8 kg/m^2 Flügelbelastung haben, die sie bei guter Gleitzahl auch bei normal windigem Wetter befähigen, hie und da von dynamischen Manövern Nutzen zu ziehen. Die spezifisch schwereren Segelvögel (Albatrosse) sind dagegen auf die wind- und böenreicheren Südmeergebiete angewiesen. An böigen Tagen kann man die geschickten unter den Segelvögeln, z. B. die Möwen, deutlich beim Höhengewinn durch synchrones Kreisen in den Böen beobachten, wobei ihnen ihre verblüffende Wendigkeit außerordentlich zustatten kommt, und sie wohl auch verstehen, den Drehsinn den Seitenböen im ökonomischen Sinne anzupassen. Daß ihnen bei stark böigem Wetter auch vertikale Bewegungen nach Art der Rutschbahn recht fühlbaren Nutzen bringen müssen, steht wohl auch fest, doch ist es sehr schwer, die Bewegungen des Vogels in diesem Sinne mit Sicherheit zu deuten. Auch für den bemannten Segler muß die Rutschbahnmethode in kräftigen Böen von fühlbarem Einfluß sein. Doch ist es bisher noch nicht gelungen, dies in der Praxis einwandfrei nachzuweisen, weil das Segelflugzeug im Gebirge neben dem dynamischen im allgemeinen stets auch einen statischen Aufwindeffekt verwertet, dessen Betrag nicht sicher von dem andern zu trennen ist. Erst Versuche mit Maschinen, die mit eigener Kraft auch über ebenem Gelände fliegend dann den Motor abstellen, um dynamische Manöver zu versuchen, würden hier weiter vordringen. Doch scheinen die Aussichten nicht allzu groß, wenn nicht durch neu zu entwickelnde Meßinstrumente die Geschicklichkeitsanforderungen an den Führer auf ein vernünftiges Maß herabgemindert werden können. Man kann auch denken, daß ein Segler, der die Kunst wirklich beherrscht, sich so einrichten wird, daß er die kurzen Windstöße mit vertikalen Flugbewegungen, dagegen die langsamen „Stufen“ mit den mehr Zeit erfordernden Seitenbewegungen aufzufangen trachtet. Immerhin wird jede Technik des dynamischen Böensegelfluges große Ansprüche an die ständige Anpassung der Flugbahn an die Böen stellen und daher höchstens zu einer sportlichen Kunst von wissenschaftlichem Interesse, schwerlich aber zu einer Beeinflussung des Verkehrs- und Transportfluges führen.

„Schichten".

Stationäre Windverschiedenheiten. In der vorangegangenen Untersuchung über die Theorie, den Mechanismus und die Gelegenheit zum dynamischen Böensegelflug wurde die das Flugzeug umgebende Luft zwar als ungleichförmig bewegt, aber stets als wie ein starrer Körper bewegt angenommen, so zwar, daß in einem gegen das Flugzeug und seine Wege großen Gebiete alle Beschleunigungen und Geschwindigkeiten sämtlicher Luftteilchen parallel und gleich vorausgesetzt wurden. Wir haben noch zu untersuchen, was geschieht, wenn diese Annahme nicht zutrifft. Um uns diese Aufgabe zu vereinfachen, sehen wir dafür nunmehr von zeitlichen Schwankungen des Strömungszustandes des Windes ab und beschränken uns auf die Betrachtung stationärer Windströmungsbilder, in welchen der Geschwindigkeitsvektor eine Funktion allein des geographischen Ortes sei. Für das Luftfahrzeug kommen freilich trotzdem zeitlich wechselnde Beschleunigungsfelder in Erscheinung, nach Maßgabe des Flugkurses, der es nacheinander in Gebiete verschiedener Strömung trägt. Vom Böensegeln unterscheidet sich jedoch dieses „Schichtensegeln" an Windschichtengrenzen dadurch, daß hier die Frequenz in die Wahl des Führers gelegt ist und auch die Unsicherheit wegen der Regellosigkeit der Böen durch den freien Entschluß der Kurswahl ersetzt ist, der sich freilich aus manövriertechnischen Rücksichten gewissen Beschränkungen unterordnen muß. Demzufolge läßt sich hier auch nicht schlechthin von dem nutzbaren Energie- oder Leistungsgehalt der Windschichten reden. Vielmehr läßt sich aus gegebenen meteorologischen Verhältnissen an Windschichten um so mehr Leistung herausschöpfen, je öfter und tiefer der Luftfahrer aus der einen in die anders bewegte Schicht wechselweise hinüberfliegt.

Das Wesen der Windschichtenenergieausnutzung besteht darin, daß das Flugzeug mit solcher Flugrichtung aus der einen in die andere Schicht hinüberfliegt, daß es in die neue mit größerer relativer Fluggeschwindigkeit hineintritt, als es relativ zur alten hatte. Es erfährt dann beim Schichtenübergang eine Trägheitskraft, die dem Flugwiderstand entgegengerichtet ist, oder, von anderem Standpunkte betrachtet, erlangt eine Geschwindigkeitsreserve, die es in andere Energieform umsetzen kann.

In Wirklichkeit werden selten ganz scharfe Grenzen zwischen ausgesprochen verschiedenen bewegten Schichten vorkommen. Wir können aber zweckmäßig für die rechnerische Verfolgung der Erscheinungen zwei Grenzfälle unterscheiden: nämlich a) in einer dünnen Grenzschicht ist der Geschwindigkeitsgradient groß; b) ein schwacher Gradient erstreckt sich über eine dicke Schicht. Die Schichten verschiedener Windgeschwindigkeiten können sowohl nebeneinander wie übereinander liegen bzw. die Richtung des Gradienten kann irgendwie im Raume stehen.

Zwei Schichten scharf nebeneinander. Ein sehr durchsichtiger Fall ist das Nebeneinanderliegen zweier parallel, aber verschieden schnell bewegter Strömungsgebiete beiderseits einer dünnen Grenzebene. In der Nachbarschaft dieser Grenzebene manövriere ein Flugzeug in folgender etwas idealisierter Weise: Es fliege eine Strecke weit auf der Seite des „stärkeren" Windes, und zwar mit demselben, verschiebe sich dann in die benachbarte Schicht des „schwächeren" Windes und kehre auf dessen Seite um 180^0 um. Jetzt fliege es mit dem nunmehr entgegengesetzten Kurse wieder in die rascher strömende erste Schicht hinüber um auch dort alsbald wieder umzukehren und das Spiel beliebig zu wiederholen. Der Grenzübertritt erfolge stets unter einem so spitzen Winkel, daß wir dessen Kosinus als Faktor vernachlässigen dürfen. Wir wollen fragen, unter welchen Umständen reicht der Energiegewinn, der bei dem jedesmaligen Grenzübergang eintritt, gerade aus, um die Schwebearbeit des Flugzeugs zu decken. Der Betrag des Energiegewinns hängt erstens ab von der Geschwindigkeitsdifferenz beider Windschichten und zweitens von der Zeitdauer eines solchen vollen Umkehrmanövers. Wir sehen, wenn es sich nur um den aerodynamischen Widerstand handelt, liegen die Verhältnisse ganz genau wie bei der stufenförmigen Bö, die wir zu Anfang betrachtet haben. Auch hier ist die

Bedingung der Segelfähigkeit:

$$\frac{\Delta w}{T} = \tfrac{1}{2} g \varepsilon , \tag{229}$$

was bei $\varepsilon = 0{,}1$ zu der Formel $T = 2\ \Delta w$ (in Sekunden und Meter) führte.

Jedes halbe Manöver (180°, ein Grenzübergang) darf etwa soviel Sekunden dauern, wieviel m/sec die Geschwindigkeitsdifferenz beider Schichten beträgt.

Mit Berücksichtigung des spitzen Winkels δ, unter welchem schließlich doch das Passieren der Grenze erfolgen muß, tritt noch der $\cos\delta$ auf der linken Seite als Faktor oder auf der rechten im Nenner in die vorige Gleichung hinzu.

Es ist klar, daß es einem kleinen Vogel eine Kleinigkeit sein muß, bei beispielsweise 6 m/sec Wind alle 6 Sekunden einmal aus dem Windschatten eines Hindernisses in den freien ungestörten Wind oder umgekehrt hinüberzuwechseln. Dieses Manöver würde ihn, von den Kurvenverlusten abgesehen, also bereits fast aller Flügelschlagarbeit entheben. In der Tat kann man namentlich die Schwalben bei der konsequenten Ausübung dieser Methode des Segelns in der unmittelbaren Nachbarschaft von Gebäuden, dichten Baumgruppen, Hafenanlagen u. dgl. beobachten. Bei etwas stärkerem Winde führen diese überaus geschickten Flieger derartige Manöver oft rascher als nach unserer Formel nötig aus, und da sie obendrein jedenfalls eine Gleitzahl haben, die noch etwas besser als 0,1 sein dürfte, so ist es ganz verständlich und durchaus nicht wunderbar, wenn sie oft viele Minuten keinen Flügelschlag machen. Deutlich ist oft zu sehen, wie sie beim nach Luv drehenden Austritt aus dem Windschatten mit mächtigem Höhengewinn ihre Energiebeute in Sicherheit bringen und mit entgegengesetztem Kurs und reichlicher Geschwindigkeit wieder hinter die schützenden Räume oder Mauern zurückjagen. Es versteht sich, daß wir bei der Untersuchung eines speziellen Falles die Verluste infolge Schräglagen in den Kurven und infolge Vertikalflugbewegungen mit berücksichtigen müssen, wie wir es bisher getan haben.

Horizontaler Windgradient. Der andere Grenzfall, der großen Schicht mit schwachem Gradienten, bietet uns nichts neues, wenn wir auf ihn die Überlegungen betreffs des Gewinns beim einmaligen plötzlichen Schichtwechsel übertragen und auf ein Zeitdifferential dt ausdehnen. Es sei

$$\frac{dw}{dx} = \Delta . \tag{230}$$

der Gradient der Windstärke und innerhalb unserer Schicht konstant (oder schließlich im Mittel so groß). Wieder bezeichne δ den Winkel zwischen dem Flugkurs und der Richtung der Orte gleicher Windstärke (der Normalen auf dem Gradienten). So ist die in die Flugrichtung fallende Komponente $t_v = \Delta \cdot v \cdot \sin\delta \cdot \cos\delta$. Um die volle Schwebeleistung zu decken. müßte sein:

$$\Delta \cdot v \cdot \sin\delta \cdot \cos\delta = g \cdot \varepsilon . \tag{231}$$

Hierin war v die Fluggeschwindigkeit.

Die günstigste Kursrichtung verläuft also gerade unter 45° schräg zur Richtung der Flächen gleicher Windstärke und derjenigen von deren stärkster Änderung. In diesem besten Ausnutzungsfall wäre der zum vollen Segelflug nach dieser Manier erforderliche Betrag des Windgradienten gegeben durch:

$$\Delta = \frac{2 g \varepsilon}{v} . \tag{232}$$

Für gute Gleitzahl ($\varepsilon \sim 0{,}1$) und bei einer Fluggeschwindigkeit $v = 10$ m/sec wäre also etwa $\Delta \sim 0{,}2$ m/sec pro Meter notwendig. Das ist freilich sehr viel und wird kaum je zu finden sein. Da aber andererseits der Mechanismus des erforderlichen Flugmanövers der denkbar einfachste ist und nur in der ungefähr richtigen Kurswahl liegt, so kann ein Vogel oder ein sehr gutes Flugzeug immerhin doch vielleicht manchmal einen nicht unerheblichen Bruchteil seines Leistungsbedarfs auf diese Weise gratis decken, denn es kann immerhin begrenzte Gebiete geben, wo über eine Strecke von sagen wir 300 m die Windstärke sich um vielleicht 6 m/sec ändert. Dieses würde schon eine Hilfe von der Größe von 10% des Ganzen sein.

Windzonen übereinander. Wie liegen nun die Verhältnisse, wenn, wie dies häufiger der Fall sein wird, die Windschichten nicht nebeneinander, sondern übereinander liegen? Wenn man nicht — was auch denkbar wäre — dauernd Loopings schlagen wollte, so muß zu den horizontalen Wendemanövern noch eine vertikale Flugbewegung hinzutreten. Im Falle kleiner Grenzschichtdicke mit großem Windsprung müßte nach jeder Wendung ein Hinaufziehen in die obere Schicht und abwechselnd ein Hinabstoßen in die untere Schicht, beides stets mit entgegengesetztem Kurse, erfolgen. Zu unserer Gleichung (229) tritt dann an Stelle des erwähnten Kursfehlers $\cos\delta$ die Korrektur für den Steigwinkel der Bahn $\cos\alpha$ hinzu, ohne etwas Grundsätzliches an unseren früheren Überlegungen und Schlüssen zu ändern. Zu den bereits bei Horizontalschichtenausnutzung als unbeabsichtigte Nebenerscheinung auftretenden Vertikalschwankungen infolge veränderlichen Überschusses an Auftrieb kommen also hier bewußt vom Führer hervorzubringende Steig- und Sinkbewegungen notwendig hinzu. Wenn, wie es ja meistens der Fall ist, die Windstärke infolge der Bodenreibung nach oben zu zunimmt, so präsentieren sich diese absichtlichen Vertikalbewegungen, die ein Vogel ausführt, der diese Konstellation dynamisch ausnutzt, dem irdischen Beschauer als ein „Steigen mit Gegenwind" und „Sinken mit Rückenwind". Immerhin kann unter besonderen Umständen auch die umgekehrte Situation eintreten, daß der Wind in einiger Höhe wieder abnimmt, namentlich wenn in größerer Höhe dann eine andere Windrichtung herrscht, so dreht sich die Zuordnung von Bahnerhebung und am Boden beobachtete Windrichtung um. Joukovsky hat darauf hingewiesen, daß in diesen Tatsachen auch die Erklärung der Widersprüche vieler Aussagen von Beobachtern segelnder Vögel und ihrer Gewohnheiten liegt.

Allmähliche Windzunahme mit der Höhe. Handelt es sich auch hier, bei horizontalen Schichtenebenen, nicht um eine dünne Zone mit sehr ausgeprägtem Windsprung, sondern um eine Schicht von gewisser Höhenmächtigkeit, in welcher die Windstärke sich einigermaßen stetig mit der Höhe ändert, wie in dem eben angedeuteten Beispiel des Einflusses der Bodenreibung des Windes, so kann ebenfalls eine Energieausnutzung ohne jedes Wendemanöver herbeigeführt werden. Es ist die Frage, wie die Steiggeschwindigkeit des Flugzeugs, das dann ständig gegen die Richtung des nach oben zunehmenden Windes steuern muß, durch diesen Segeleffekt verbessert wird. Ohne ihn, d. h. in ruhiger oder gleichmäßig bewegter Luft, ist die Steiggeschwindigkeit v_{z_0}:

$$v_{z_0} = v_m - v_s \,. \tag{233}$$

gleich der Differenz der Steiggeschwindigkeit v_m, welche die Motorkraft einem verlustlosen Flugzeug erteilen würde, minus der kleinstmöglichsten Sinkgeschwindigkeit v_s, welche das ohne Antrieb möglichst ökonomisch gleitende Flugzeug haben würde. Der Minuend v_m ist gleich dem reziproken Wert der effektiven Leistungsbelastung: $v_m = \frac{N\eta}{G}$ (darin N die Motorstärke des Flugzeugs und η den Propellerwirkungsgrad angibt, beides für den Zustand, welcher im Zusammenhang mit der Flügelpolaren die größte Steiggeschwindigkeit ergibt, und G das Fluggewicht). Der Subtrahent v_s ist nach unserer früheren Bezeichnungsweise (Gleichung 4):

$$v_s = \mu \cdot V = \frac{c_w}{c_a^{3/2}} \cdot \sqrt{\frac{2\,p}{\varrho}} \,.$$

Soweit der nun von uns hier zu betrachtende dynamische Segeleffekt nur einen Bruchteil zum ganzen Leistungsbedarf beisteuert (und das wird allerdings in der Praxis in der Regel zutreffen), werden wir die bisher angeschriebenen Daten weiter als Flugzeugkonstante rechnen dürfen, auch wenn nun durch das Hinzutreten des Segeleffekts Fluggeschwindigkeit, Anstellwinkel und Bahnerhebungswinkel um eine Kleinigkeit geändert werden.

Die Trägheitskraft, die das gegen den mit der Höhe zunehmenden Wind steigende Flugzeug fortgesetzt erfährt, ist: $\frac{\Delta \cdot v_{z_0} \cdot G}{g}$. Diese Kraft, in deren Richtung die Horizontalkomponente der Fluggeschwindigkeit (v_x) fällt, leistet sekundlich die Arbeit: $\Delta \cdot v_x \cdot v_z \frac{G}{g}$. Diese Leistung vermag das Gewicht G offenbar mit der Hubgeschwindigkeit $\delta v_z = \Delta\, v_x v_z \cdot \frac{1}{g}$ zu heben.

Die wirklich resultierende Steiggeschwindigkeit im Wind ist also nun:

$$v_z = v_{zo} + \frac{\Delta v_x v_z}{g}. \tag{234}$$

Dies nach $\delta v_z = v_{z_0} - v_{z_0}$ aufgelöst, gibt den Gewinn an Steiggeschwindigkeit:

$$\delta v_z = v_{z_0} \cdot \frac{\Delta v_x}{g - \Delta v_x} = v_{z_0} \cdot \frac{\beta}{1 - \beta}. \tag{235}$$

In dieser Abkürzungsformel hat der Ausdruck $\beta = \Delta v_x/g$ die Bedeutung des Verhältnisses zweier charakteristischer Zeiten, nämlich der schon oft verwendeten Zeit $\tau = v_x/g$, innerhalb welcher ein frei fallender Körper gerade eine Fallgeschwindigkeit gleich unserer Horizontalgeschwindigkeit erlangt, zu einer anderen Zeit $\tau' = 1/\Delta$, welche man brauchen würde, um mit irgendeiner beliebigen Geschwindigkeit senkrecht steigend oder fallend in eine Höhenschicht zu gelangen, in der die Windgeschwindigkeit um eben gerade den Betrag unserer beliebig gewählten fiktiven Vertikalgeschwindigkeit von der unseres Ausgangsniveaus verschieden ist.

Streng genommen ist der dynamische Nutzen um eine Korrektur kleiner als nach unserer Formel (235), weil die Trägheitskraft auch eine Komponente in die Bahnnormale entsendet. Um diesen Betrag muß jedenfalls der Luftauftrieb größer sein, was auch einen aerodynamisch größeren Schwebeleistungsbedarf verursacht. Diese Korrektur kann aber nur klein sein, denn die ohnehin relativ zu den übrigen Posten kleine Trägheitskraft erscheint hierin nicht nur mit dem Sinus des Bahnerhebungswinkels, sondern auch noch mit der Gleitzahl multipliziert.

Wir können uns sogar erlauben, noch eine Vereinfachung an der Formel (235) anzubringen, denn selbst unter den extremsten Annahmen wird $\beta \ll 1$ bleiben. Mit guter Annäherung ist also der Gewinn:

$$\delta v_z \sim v_{z_0} \cdot \frac{\Delta v_x}{g} = v_{z_0} \Delta \tau \text{ [1]}. \tag{236}$$

Er ist also einleuchtenderweise dem vorhandenen Windgradienten, ferner der ohnehin schon vorhandenen Steiggeschwindigkeit und außerdem der Fluggeschwindigkeit bzw. ihrer horizontalen Komponente proportional. Hier haben wir also einen Segeleffekt vor uns, welcher besonders raschen und steigfähigen Flugzeugen zugute kommt, während ihn die eigentlichen Segelflugzeuge überhaupt nicht und ebensowenig die Vögel erfassen können. Nehmen wir ein optimistisches, aber keineswegs unmögliches Beispiel: Ein Flugzeug habe 100 m/sec Fluggeschwindigkeit (was von dem siegreichen Curtiss-Renner beim Pulitzer-Rennen in St. Louis 1923 mit 109 m/sec = 392 km/Std. bereits weit übertroffen worden ist) und steige (ohne Segelwind bereits) 1000 m in $1^1/_3$ Min., also $v_{z_0} = 12{,}5$ m/sec. Wenn der Wind, was unter besonderen Umständen schon beobachtet worden ist, auf 1000 m Höhe um den allerdings beträchtlichen Betrag von 20 m/sec zunähme, also $\Delta = 0{,}02$ (sec^{-1}) wäre, so wäre der Segeleffekt bereits sehr erklecklich, nämlich $\delta v_z = 2{,}5$ m/sec $= 20\%$ von v_{z_0}. Aber bereits unter bescheideneren meteorologischen Ansprüchen ist bei derart steigfähigen Flugzeugen die hier betrachtete Wirkung erheblich. Bei einem halb so großen Windgradienten, 10 m/sec pro 1000 m Höhe, wie er an windigen Tagen durchaus nicht selten vorkommt, unterscheidet sich die Steiggeschwindigkeit eines gegen den Wind steigenden Flugzeuges von derjenigen eines ebenso guten, das aber gerade den verkehrten Kurs steuert, um ebenfalls 20%, was bei Vergleichsflügen ganz entscheidend in die Wagschale fallen würde. Mehr als 10% wäre dieser Unterschied unter sonst denselben Annahmen schon bei den Jagdflugzeugen der Kriegszeit gewesen. Wir wissen, daß sehr häufig, wenn überhaupt stärkerer Wind weht, die Windstärke mit der Höhe zunimmt. Es ist also durchaus verständlich, daß die erfahrenen Einfliegepiloten es meist vorzogen, gegen den herrschenden Wind zu fliegen, wenn sie eine gute Steigzeit erzielen wollen. Zu beachten ist allerdings, daß, wenn etwa in gewisser Höhe eine Umkehr der Windrichtung statthat (was auch nicht selten vorkommt), dann die günstigste Flugrichtung diejenige entgegen dem Höhenwind, also mit dem Bodenwind im Rücken ist.

[1]) Zu demselben Ergebnis gelangte der das gleiche Problem behandelnde Techn. Report 379, Adv. Comm. f. Aeronautics (London), welcher mir erst nach Abschluß dieser Arbeit bekannt wurde.

Wolfmüllers Segelgespann. Die theoretisch einfachste und ohne jede Kursvorschrift auskommende Lösung der Aufgabe der Erfassung von Windschichtenenergie ist der Vorschlag von Wolfmüller. Seine Methode verdient im wahrsten Sinne die Bezeichnung „Segelflug“. Er will zwei in den beiden verschiedenen Windschichten fliegende Flugzeuge durch eine Drachenschnur verbinden, so daß das eine dem andern als Segel und das andere dem ersten als Kiel dient. Es ist ganz klar, daß die Verhältnisse ganz genau so liegen wie beim Segelboot auf dem Wasser, welches auch mit zweien seiner Teile (dem Segel und dem Kiel) in verschieden bewegte Medien (den Wind und das Wasser) eintauchen. Wie die Takelage und der Mast, so überträgt Wolfmüllers Verbindungskabel Kräfte zwischen den beiden Flugzeugen des Gespanns, die bei geeigneter Orientierung nicht nur so geleitet werden können, daß beider Widerstände sich gegenseitig auf Kosten der Schichtenenergie aufheben, sondern daß (beispiels-

Höhe	Ort	Tag 1917	Zeit	Windstärke in Höhe					
				Boden	500 m	1000 m	1500 m	2000 m	2500 m
		13. VIII.	5^{30}	— 0	ESE 2	SSE 3	SW 3	WSW 4	WSW 8
		„	13^{40}	W 4	W 4	WSW 4	WSW 8	W 9	W 14
		„	17^{50}	W 2	WSW 4	WSW 6	W 11	W 13	W 15
		14. VIII.	3^{20}	— 0	WSW 4	WSW 16	WSW 18	W 16	WSW 17
443 m	Divača	„	11^{40}	SSW 2	SW 2	SW 5	SW 12	SW 16	
		„	17^{40}	SW 2	SSW 7	S 7	SSW 9	SSW 12	WSW 18
		15. VIII.	5^{30}	— 0	SSW 4	SSW 7	SW 8		
		„	11^{45}	W 4	W 5	W 6	SW 15	WSW 16	WSW 13
		„	18^{00}	SW 2	SW 4	SSW 8	WSW 12	WSW 18	WSW 20
		13. VIII.	6^{25}	SE 2	E 2	NNW 2	SSE 2	SW 2	WSW 6
		„	14^{00}	NW 2	WNW 4	WNW 4	NW 4	NW 4	WNW 4
		„	18^{35}	W 2	SW 4	SW 4	WSW 8	W 10	W 16
		14. VIII.	6^{10}	ESE 2	E 2	SW 2	NE 4	ENE 4	NE 4
72 m	Triest	„	14^{00}	WNW 8	SW 2	SSW 6	SSW 10	SSW 14	SSW 14
		„	18^{30}	NW 4	S 2	S 6	S 8	SSW 8	SW 8
		15. VIII.	6^{00}	SE 4	S 10	SW 12	SWSW 14	WSW 22	
		„	14^{00}	WNW 6	WSW 6	SW 8	SW 8	SW 10	SW 14
		„	18^{10}	SW 6	SSW 6	SSW 6	WSW 8	WSW 10	WSW 10
		13. VIII.	6^{03}	ESE 1	SW 2	SW 5	WSW 5	WSW 7	WNW 10
		„	18^{15}	W 1	WSW 7	W 8,5	W 13,5	WNW13	W 21
924 m	Monte Maggiore	14. VIII.	6^{02}	— 0	WSW 8	WSW 11	WSW13,5	WSW 13	WSW 18
		„	17^{39}	ESE 1	SW 8	SW 11	WSW 22	WSW 19	WSW 20
		15. VIII.	17^{54}	— 0	WSW 8	WSW 13	WSW 16	WSW 18	WSW 23
		13. VIII.	5^{55}	— 0	— 0	ESE 5	S 3	S 2	W 6
		„	13^{10}	W 3	SW 3	WSW 5	SW 5	SW 8	WSW 9
		„	18^{10}	WSW 5	WSW 5	WSW 3	WSW 8	WSW 14	W 16
110 m	Haidenschaft	14. VIII.	5^{50}	N 1	— 0	WSW 8	WSW 13	W 18	WSW 18
		„	13^{10}	W 5	WSW 5	WSW 6	SW 10	SW 13	SW 21
		„	18^{00}	WSW 5	WSW 5	SSW 6	SW 12	WSW 14	WSW 21
		15. VIII.	6^{00}	SW 1	SW 8	SW 10			
		„	13^{20}	W 5	WSW 3	SW 6	SW 6		
		„	18^{23}	WSW 3	SSW 4	SW 5	SW 10	SW 14	SW 19

weise durch Schrägstellen der Flugzeuge gegeneinander) auch ziemlich beliebige Fortbewegungen des ganzen gekuppelten Systems theoretisch bewerkstelligt werden können. Mit unbemannten Drachen soll dem Erfinder die praktische Anwendung der Theorie bereits gelungen sein. Für bemannte Flugzeuge scheint wohl aber die Realisierung dieses Vorschlages immerhin äußerst problematisch, einmal wegen des gegenüber Drachenmodellen doch erheblich größeren Betrags an erforderlicher Windgeschwindigkeitsdifferenz der gegeneinander auszuspielenden Schichten, andererseits aber wegen der außerordentlichen Schwierigkeit der Stabilisierung und Steuerung zweier derartiger räumlich weit getrennter gekuppelter Flugzeuge.

Schichtenmeteorologie.

Über die Verbreitung und die Gradienten von Windschichten liegen noch sehr spärliche sichere Messungen vor. Es gibt indessen Gegenden, wo zu gewissen Jahreszeiten recht bedeutende Windschichtungen zu beobachten sind. Ein charakteristisches Beispiel dafür ist eine häufige Erscheinung im krainischen und dalmatinischen Karstland. Dort herrscht nicht selten im Sommer in der Höhe starker Scirocco, der warme feuchte Seewind, in niedrigen Höhen dagegen eine lokale Gegenströmung, welche durch Fallwinde an den kahlen Kalkgebirgswänden hervorgerufen wird. Eine solche typische Konstellation herrschte beispielsweise durch einige Tage Mitte August 1917 über dem Flugplatz von Divacca und seiner Umgebung. Dicht über dem Boden wehte ein ausgesprochener Nordost bis Ost von etwa 4—5 m/sec. In etwa 500 m über dem Grund kehrte die Windrichtung um, und weiter steigend wurde immer stärker werdender südwestlicher Schirokko angetroffen, der in 3000 m Höhe 22 m/sec Stärke bei großer Stetigkeit erreichte. Die Aufzeichnungen von den Pilotballonmessungen einiger k. u. k. Feldwetterstationen von damals sind in der nebenstehenden Tabelle wiedergegeben.

über Boden in m/sec.

3000 m	3500 m	4000 m	4500 m	5000 m	5500 m	6000 m	6500 m	7000 m
WSW 10	WNW 12	WNW 12	WNW 14	WNW 18				
WNW 14	WNW 21							!
W 19	W 19	W 19						
WSW 21								!
WSW 22	SW 20	SW 25						!
WSW 8								!
NSW 20	WSW 16	WSW 24						!
WSW 6	W 8	WNW 6						
W 6	W 6							
W 22								
NNE 4								!
SSW 16	SSW 14							
SW 8	SW 8							
WSW 10								
WNW 11	WNW 11	WNW 11	WNW 15	WNW16	WNW 17	WNW 18	WNW 17	WNW 20
W 20	W 21	W 24	W 22	W 22	W 16			!
WSW 19	WSW 16							
WSW 35	WSW 31	WSW 32	WSW 32	WSW 32	WSW 20			!
WSW 26								
W 7	WSW 7	WSW 9						!
W 12	W 15	WNW 18	WNW 20					
W 20	W 22	WNW 21	WNW 16	WNW 18				!
WSW 27	W 24							!
WSW 21	WSW 23							
WSW 24								
WSW 19	WSW 18							

Besonders charakteristische Windsprünge sind angestrichen. Damals und auch sonst nicht selten äußerten sich diese Windschichten dem Flieger, indem sie ihm das Landen erschwerten. Drehte man die Kurve beim Eintritt in den Gebirgskessel von Divacca in der einen Richtung, so verlor man unverhältnismäßig wenig an Höhe, kam nicht herunter; versuchte man die Wendung nach anderem Drehsinn, so sackte man unerwartet viel durch und mußte schleunigst wieder Gas geben. Bisweilen drängte sich der Windumschwung in einer wenig mächtigen Schicht zusammen; diese war mitunter infolge der Bildung kleiner lose verstreuter Wölkchen in der betreffenden Höhe auch sichtbar. Zum Segeln würden solche Schichten reichlich Energie enthalten, aber leider ist in solchen Schichten hoher Schubspannung die Strömung verständlicherweise meist nicht stabil und der Flieger hat in der betreffenden Zone mit starker Böigkeit zu kämpfen.

E. Zusammenfassung.

Im folgenden soll kurz zusammengefaßt werden, in welcher Hinsicht die hier studierten Probleme und die gewonnenen Ergebnisse Beiträge liefern, erstens zum Verständnis der bewunderungswürdigen Segelflugleistungen der Vögel, zweitens zu deren Nachahmung mit bemannten motorlosen Flugzeugen und drittens zur Erreichung und Bewertung von Rekordflugleistungen motorisch getriebener Flugzeuge.

Segelflug der Vögel.

Die Energiequellen, die dem Segelvogel zu Gebote stehen, sind so mannigfaltig und die Art ihrer Erfassung so vielseitig, daß bei aller Unsicherheit in der Analyse eines jeden einzelnen Beobachtungsfalles durchaus befriedigende Erklärungsmöglichkeit aller beobachteten Flugformen gegeben ist, so daß wenigstens die energetische Seite durchaus nichts grundsätzlich Rätselhaftes bietet. Es unterliegt keinem Zweifel, daß weitaus die meisten der beobachteten Segelflüge der Vögel durch eine vertikale Komponente des Windes ihre einfache Erklärung finden können. Diese Erklärung ist auch häufig in solchen Fällen die richtige, wo man zunächst in die Existenz von Aufwind aus Unkenntnis seiner Ursache Zweifel zu setzen geneigt sein könnte. Eine Vertiefung unserer Kenntnisse in dieser Hinsicht ist von einer weiteren Entwicklung meteorologischer Experimentalmethoden zur Windvektormessung zu erhoffen. Daß aber neben dem statischen Segelflug auch dynamische Manöver von gewissen Vögeln, namentlich den Schwalben, den Möwen und Albatrossen ausgeführt werden, kann als sicher erkannt gelten. Ob diese Tiere derartige Manöver freilich bewußt bzw. absichtlich ausführen, ist manchmal schwer zu beurteilen, weil man nur in Ausnahmefällen Anhaltspunkte dafür hat, ob ihnen an einer Ökonomie mit ihren Flugmuskelkräften überhaupt etwas gelegen ist.

Andererseits ist dies wohl sicher der Fall für diejenigen Vogelgattungen, die die Natur mit nur schwachen Kräften ausgerüstet hat. Die großen Vögel sind hinsichtlich ihrer verhältnismäßigen Kraftreserve ungünstiger gestellt als die kleinen. Denn mit zunehmender Größe der Einheit verschärft sich bekanntlich der Widerstreit zwischen Leistungsbedarf und Festigkeit. Auch für den dynamischen Segelflug sind die kleinen Einheiten bei gegebener Größe der kohärenten Gebiete des Windes im Vorteil. In der Tat erscheint in der Vogelwelt der Gegenwart der Größe der Flugtiere eine ziemlich deutliche Grenze gezogen zu sein. Nun haben aber allerdings in der Vorzeit Flugsaurier von riesiger Größe gelebt. Nach ihrem anatomischen Aufbau zu urteilen waren sie aber wahrscheinlich nicht imstande, aus eigener Kraft die volle Flugarbeit zu leisten. Man zweifelt daher nicht daran, daß sie Segler waren. Es liegt nahe zu schlußfolgern, daß in jener Zeit, wo jedenfalls die Atmosphäre wärmer war, die meteorologischen Verhältnisse andere und vielleicht für den Segelflug großer Einheiten günstigere waren, und daß nach Maßgabe wie sich die klimatischen Verhältnisse denen der Jetztzeit näherten, die Flugsaurier, da ihnen die Fortbewegung erschwert wurde, aussterben mußten.

Bemannter Segelflug.

Die quantitative Möglichkeit einer Nachahmung des Segelfluges mit bemannten Flugzeugen ist nicht nur theoretisch gegeben, sondern durch die Arbeiten der letzten Jahre auch weitgehend praktisch bewiesen. Dieser neue und eigentlich auch älteste Zweig der Flugtechnik hat sich sogar einer raschen außerordentlichen Verbreitung erfreut. Er findet seine Anwendungsgebiete in drei Richtungen, einmal als ein reizvoller Sport, ferner zu aerodynamischen Untersuchungen an Flugzeugen und endlich als eine ganz besondere Art der Ausbildung von Flugschülern.

Statische Segelflugerfolge. Weitaus die einfachste und bisher am ausführlichsten ausgeübte Art ist auch hier der statische Segelflug im Hangwind. Dieser ist freilich an den Start im Gebirge gebunden, so daß diese Art der Ausübung des Segelfluges an gewisse topologische und meteorologische Bedingungen gebunden ist. Daß aber unter günstigen Umständen Gelegenheit zu sehr eindrucksvollen und lehrreichen langdauernden Flügen gegeben ist, beweisen die

Dauerflüge von Martens (1 Std.), Hentzen (Rhön, Aug. 1922, 3 Std.), Maneyrol (Itford Hill, Okt. 1922, $3^3/_4$ Std.), Thoret (Biskra, 7 Std.), Schulz (Rositten, Juni 1924, $8^1/_2$ Std.), Schulz (Krim, Sept. 1925, 12 Std.) und die Segelflüge mit Passagier von Fokker, Hoppe, Hesselbach und andern. Die erreichten Höhen von bis zu 360 m über dem Startpunkt am Bergkamm liefern aber auch die Möglichkeiten zu weiteren Fernflügen und Anfänge der Lösung der Aufgabe der Fernflüge von Berg zu Berg sich weiterarbeitend sind bereits zu verzeichnen. Entfernungsflüge mit motorlosen Segelflugzeugen über 20 km und mehr sind bereits mehrfach ausgeführt worden; eine besondere Leistung in dieser Richtung ist ein Flug von Botsch über 19 km von der Wasserkuppe aus nach Kerzell am 29. Sept. 1923. Es wäre voreilig, wollte man den Segelflug von Kumuluswolke zu Kumuluswolke als Utopie bezeichnen. Die fortgesetzte Verbesserung der Segelflugzeuge hinsichtlich ihres Leistungsbedarfes und die zunehmende Erfahrung der Führer erweitert ständig die Möglichkeiten und Anwendungsgebiete des Segelfluges. Trotzdem wäre es natürlich verfehlt, vom Segelflug eine Revolutionierung des Luftverkehrs zu erwarten. Bei diesem ist ja die Verringerung des Leistungsbedarfs zwar auch ein Problem, aber durchaus nicht das einzig grundlegende.

Dynamische Segelflugversuche. Von den dynamischen Segelmanövern, hinsichtlich deren Ausführung das bemannte Flugzeug hinter dem segelnden Vogel wegen seiner Größe empfindlich im Nachteil ist, sind ausgiebige Kursänderungen in Böen sowie an der Grenze beträchtlicher Windsprungschichten die ergiebigsten Bewegungen. Sie auszuführen ist einem gut wendigen Segelflugzeug, sobald es nach dem Start genügend Bewegungsfreiheit erlangt hat, an und für sich möglich. Wenn auch Anfänge zu bewußten dynamischen Segelmanövern gemacht sind, so liegen doch noch keine sicheren Beweise für den Erfolg vor. Die stete Anwesenheit von vertikalen Strömen bei Flügen im Gebirge, wie den bisherigen, macht eine einwandfreie Trennung der statischen Effekte von den eventuellen dynamischen überaus schwierig und unsicher. Einwandfreie Meßmethoden für eine solche Scheidung fehlen noch fast ganz, sind auch sehr schwer zu entwickeln. Ich habe 1922 in Dübendorf den Versuch gemacht, mit einem Gleitflugzeug von einem Fesselballon zu starten, um so auch über ebenem Gelände in die Luft zu kommen. Der Ballon mit dem etwa 20 m darunter hängenden Flugzeug geriet jedoch alsbald in anwachsende gekoppelte seitliche Schwingungen, die zu vorzeitigem Slippen und seitlichem Abrutschen veranlaßten, so daß eine Wiederholung des Versuchs mit gleicher Anordnung nicht empfehlenswert erscheint.

Das subjektive „Gefühl“ der Führer vermag auch nur weniges qualitativ zu lehren. Die in letzter Zeit mehrfach erfolgte Mitführung sehr empfindlicher Meß- und Schreibinstrumente, Staudruckmesser, Höhenschreiber, Beanspruchungsmesser, Trimm- und Trift-Winkelzeiger ist ein schüchterner Anfang in dieser Richtung. Namentlich fehlt dem Führer meist ein Anhaltspunkt, um das Eintreffen einer Bö und deren Charakter schon hinreichend vorher zu erkennen. Bei den sehr geringen Geschwindigkeiten ist freilich bisweilen ein Beobachten in der Luft schwebender Teilchen, wie Pflanzensamen, Mücken, Schmetterlinge u. ä. von gewissem Nutzen zur Beurteilung der Richtung der Luftströmung sowie der Böigkeit, doch ist die Anwendbarkeit solcher Beobachtungen naturgemäß sehr beschränkt. Wohl kann bei direkt darauf angelegten Versuchsflügen unter Umständen gerade dafür gesorgt werden, in dem Bereich des beabsichtigten Fluges die Windströme durch Rauch oder in die Luft entsandter leichter Teilchen bis zu gewissem Grade sichtbar zu machen. Vielfach ist zur Ausbildung von optischen oder akustischen Böenfühlern, die am Segelflugzeug mitgeführt werden sollten, angeregt worden.

Aber selbst wenn dem Führer durch sinnreiche Instrumente die Möglichkeit gegeben würde, den aerodynamischen Zustand seiner unmittelbaren Umgebung samt ihrem Differentialquotienten nach der Zeit zu kennen, so würde ihn diese Kenntnis allein noch keineswegs befähigen, sein Flugzeug immer so zu steuern, daß er stets die richtigen dynamischen Manöver zur Ausnutzung aller Gelegenheiten macht. Die Form des richtigen Manövers hängt, wie wir gesehen haben, in außerordentlich komplizierter und keineswegs stets eindeutiger Weise von der Vorgeschichte und der nachfolgenden Entwicklung des meteorologischen Zustands und insbesondere außerdem von der durch aerodynamische Mittel allein nicht erkennbaren Orientierung der diesen Zustand kennzeichnenden Vektoren im Schwerfelde der Erde ab. Darin liegt eine unüberwindlich scheinende Schwierigkeit für die Ausführung eines Segelflugautomaten, einer Einrichtung, wie sie sehr verschiedentlich zur automatischen Ausnutzung der dynamischen Segelflugenergiequellen vorgeschlagen wird.

Autostabilisierungsproblem bei dynamischem Segelflug. Die meisten der in dieser Richtung strebenden Erfinder richten ihr Augenmerk nur auf das Funktionieren ihres Automaten in irgendeinem mehr oder weniger willkürlich idealisierten meteorologischen Spezialfall, ohne sich davon Rechenschaft zu geben, daß unter anderen meteorologischen Umständen eine ganz und gar nicht ökonomische Flugsteuerung oder aber gar eine Gefährdung der Flugstabilität durch ihn hervorgerufen werden kann. Bei einer beträchtlichen Zahl ähnlicher Erfindungen, auf die im einzelnen hier einzugehen zu weit führen würde, besteht jedoch obendrein eine Verwechslung des Problems der Ausnutzung dynamischer Energiequellen mit dem Stabilisierungsproblem, so daß diese Apparate im allgemeinen mehr auf ein unschädliches Parieren als auf ein Ausnutzen der Böen hinauslaufen, zwei Maßnahmen, die sich aber, wie wir gezeigt haben, in wichtigen Fällen gegenseitig ausschließen.

Kennzeichnung des Flugzustands. Dennoch liegt in dieser Verwechslung der Aufgaben ein tieferer Sinn. Die eine setzt nämlich die Lösung der anderen voraus. In der Tat ist es doch selbst theoretisch auch nur dann möglich, das richtige dynamische Manöver zu wählen, wenn vom Flugzeuge aus nicht nur die Struktur der umgebenden Atmosphäre, sondern auch die relative Lage im Schwerfelde bekannt ist. Denn die Aufgabe ist eben, aus den meteorologischen Konstellationen Energie zu entnehmen und so umzuwandeln, daß aerodynamisch eine der Schwere entgegengesetzte Kraft entsteht.

Im dynamisch segelnden System sind Beschleunigung und Schwere nicht unterscheidbar. Das Problem der vollständigen exakten Kennzeichnung des Flugzustandes an Bord hat eine eminente Bedeutung für die Sicherheit des Fliegens und Messungen im Fluge überhaupt. Es hat jedoch, von seinen technischen Schwierigkeiten abgesehen, eine grundsätzliche theoretische Schwierigkeit, welche gerade in der Möglichkeit dynamischer Segeleffekte begründet liegt. Das dynamisch segelnde Flugzeug ist nämlich das wirklichkeitsgreifbare Schulbeispiel zu Einsteins freiem System, von dem aus es (ohne optischen Kontakt) unmöglich ist und keinen Sinn hat zu entscheiden, ob irgendeine Massenwirkung von einer Gravitation oder einer Akzeleration herrühre. In der Tat, die auf der festen Erde klare und in den Seismographen in vollkommensten Maße angewendete Unterscheidung, nämlich den zeitlichen Mittelwert der Massenwirkung der Gravitation und ihre vorübergehenden Abweichungen den Beschleunigungen zuzuschreiben, versagt in einem im dynamisch segelnden Flugzeug verankert gedachten Koordinatensystem vollständig. Dort haben die Massenwirkungen, die der irdische Zuschauer eben den Böenbeschleunigungen zuschreiben würde, durchaus nicht den Mittelwert Null, ebensowenig wie dies für einen Schwimmer oder Schiffer in einem Strudel der Fall wäre, oder einem Beobachter, der sich auf einem Drehschemel bewegt. Man kann daher von vornherein sagen, daß eine exakte Lösung des Problems der Kennzeichnung des Flugzustands (im Schwerefeld und im Windfeld) von Bord aus mit ausschließlich mechanischen und aerodynamischen Hilfsmitteln theoretisch nicht möglich ist, sobald dynamische Segelmanöver ins Spiel kommen. Um so weniger kann es daher möglich sein, mit lediglich ebensolchen Mitteln, also mit Flügelformen, Flügeldeformationen, Steueranordnungen, Stau- und Sogapparaten, Windfahnen, ferner mit Massen, Pendeln, Federn und Kreiseln einen automatischen dynamischen Segelflug zu erreichen.

Das mechanisch-aerodynamische Instrumentarium ohne Segelflug. Umgekehrt läßt sich aber auch von vornherein sagen, daß die genannten Einrichtungen zu einer näherungsweisen Flugzustandskennzeichnung um so eher ausreichen, je exakter dynamische Segeleffekte ausgeschlossen werden. Dies gilt also in erster Linie für den Flug bei vollständig ruhigem Wetter und ferner bis zu einem gewissen Grade auch sonst bei großen, trägen Verkehrsflugzeugen, die möglichst keine Kursänderungen in Böen vornehmen, sondern diese lieber parieren, so daß sich deren Wirkungen innerhalb gewisser Zeitabschnitte immer wieder einigermaßen kompensieren. Indessen darf man sich nicht verleiten lassen, die Anzeigen solcher Näherungsinstrumente integrieren zu wollen, wie es auch schon versucht worden ist, um daraus Ort und Kurs zu erschließen, weil zu leicht die kleinen Fehler sich dabei addieren.

In dem Falle der Abwesenheit von dynamischen Segeleffekten bzw. Böen überhaupt, auf den die nachfolgenden Überlegungen Bezug haben, gipfelt das Flugzustandskennzeichnungsproblem in der Angabe des Anblasezustandes des Flugzeugs einerseits und der Lage im Schwerefeld andererseits. Sind beide gegeben, so ist dadurch der unmittelbar nächste weitere Verlauf der Bewegung in beiden Hinsichten bestimmt. Nach dem D'Alembertschen Prinzip ist:

$$\mathfrak{l} = \mathfrak{g} - \mathfrak{m}. \tag{237}$$

D. h. die vektorielle Kraftdichte der an Flächenelementen angreifenden (Luft-)Kräfte kompensiert die vektorielle Kraftdichte der Resultierenden der an den Massenelementen angreifenden Kräfte, von denen derjenige Teilvektor gesucht wird, welcher eben nicht als Massenrückdruck infolge irgendwelcher vom Flugmanöver herrührender Beschleunigungen zu erklären und daher als Wirkung der Schwere anzusehen ist. Es ist klar, daß wir zur Bestimmung von

$$\mathfrak{g} = \mathfrak{l} - \mathfrak{m} \tag{238}$$

12 voneinander unabhängige Messungen brauchen, da wir sowohl in aerodynamischer Hinsicht ($\mathfrak{l}$) als in mechanischer ($\mathfrak{m}$) je 6 Freiheitsgrade zu berücksichtigen haben. Es leuchtet ein, daß (ohne dynamischen Segelflug) auch gerade je 6 aerodynamische und mechanische Parameter existieren, deren Messung mit geeigneten Instrumenten möglich wäre. Daß man jedes Tripel derartiger Instrumentensysteme entweder kartesisch oder aber polar disponieren kann, erhöht zwar die technischen Varianten, nicht aber die Zahl der unabhängig voneinander meßbaren Parameter.

Man muß also einmal die drei Komponenten der Luftkraft bestimmen. Um sodann den Massenrückdruck zu ermitteln, der abgezogen werden muß, wird man den Fahrtbeschleunigungsvektor auf aerodynamischem Wege (in seinen 3 Komponenten) messen müssen. Dieser gibt aber noch nicht den ganzen Betrag, denn es ist noch die Massenwirkung infolge der Bahnkrümmung zu berücksichtigen. Diese zu ermitteln, bedarf es der drei Komponenten des aerodynamischen Geschwindigkeitsvektors und des gyroskopisch wahrnehmbaren Winkelgeschwindigkeitsvektors:

$$\mathfrak{g} = \mathfrak{l} + \frac{d\mathfrak{v}}{dt} + [\mathfrak{v}\, x\, \Omega]. \tag{239}$$

Die in Gleichung (260) gleichgesetzten Größen sind der dort gegebenen Definition zufolge maßgebend für den Spannungszustand im Tragwerk des Flugzeugs, welches ja die Kraftkette zwischen den Elementarmassenkräften und den Elementarluftkräften zu schließen hat. Diese Überlegung bildet die Grundlage des Flügelbeanspruchungsmessers. Dieser mißt die Luftkraftdichte l, indem er an einer kleinen Meßmasse, welche (da in der Nähe des Flugzeugschwerpunktes untergebracht) denselben Massenwirkungen $\mathfrak{g}$ und $\mathfrak{m}$ wie das Flugzeug ausgesetzt ist, die Luftkraft durch eine Federkraft ersetzt, wobei an der Spannung bzw. Dehnung der Feder ohne weiteres die Luftkraftdichte meßbar ist. Es ist nicht sinnfällig, ein solches Instrument als Beschleunigungsmesser bezeichnen zu wollen, eben weil es nur die vektorielle Summe dessen, was wir Beschleunigung, und dessen, was wir Intensität der Schwere zu nennen gewohnt sind, anzuzeigen vermag. Ein aus Masse und Feder (mit Dämpfung) gebildeter Beanspruchungsmesser gibt natürlich nur eine Komponente der gesamten vektoriellen Luftkraftdichte e. Drei zueinander senkrecht im Flugzeug fest orientierte Beanspruchungsmesser ($\mathfrak{l}_r$, $\mathfrak{l}_h$ und $\mathfrak{l}_s$) oder aber (polar) ein pendelnd aufgehängter, der den Betrag ($\mathfrak{l}$) mißt, samt 2 Libellen oder dergleichen, die seine räumliche Richtung im Flugzeug angeben, bestimmen den Vektor $\mathfrak{l}$ im Flugzeug.

Den Massenrückdruck $\mathfrak{m}$ werden wir trennen müssen in die bahntangentiale Komponente infolge der sich aerodynamisch äußernden Fahrtbeschleunigung dv/dt und eine bahnnormale Komponente, die wir der Zentrifugalkraft zuschreiben.

Wir brauchen also zur vollständigen Lösung insgesamt die folgenden Instrumente, die, 12 an der Zahl, nach Wahl aus kartesischen oder polaren Kombinationen zusammengestellt werden können:

3 Komponential-Beanspruchungsmesser	oder	2 Gesamtbeanspruchungsmesser.
		+ 2 Libellen oder Pendel.
3 Komponential-Fahrtgeschwindigkeitsmesser	„	1 abs. Geschwindigkeitsmesser
		+ 2 Windfahnen oder dergleichen.
3 Komponential-Fahrtwindänderungszeiger	„	1 Fahrtwindänderungszeiger
		+ 2 Windfahnenänderungszeiger oder
		+ 2 aerodynamische „Wendezeiger".
3 Komponentialkreisel mit Präzessionsmomentenmessung	„	1 Doppelkreiselsystem
		+ 2 Winkelanzeigen dazu.

Es versteht sich, daß in der ersten Alternative jeweils drei aufeinander senkrechte Richtungen im Flugzeug gemeint sind, etwa nach dem RHS.-Achsen. Im zweiten Fall wird die Resultierende dem Betrag nach gemessen und zwei Winkelanzeigen in zwei zueinander senkrechten Ebenen (oder gegen 2 zueinander senkrechten Achsen) hinzugenommen, die gegebenenfalls auch zu einem Instrument mit flächenhafter Skala vereinigt werden könnten. Ein solches Instrumentarium ist noch keineswegs gebaut oder versucht worden, aber seine einzelnen Elemente bieten an sich keine neuen theoretischen Probleme. Lediglich Fragen der erreichbaren Meßgenauigkeit, der notwendigen Einfachheit und der Kosten bilden die entgegenstehenden Schwierigkeiten.

Man könnte noch einwenden, daß die Lösung in der hier schematisierten Form sogar überbestimmt ist, weil man ja den Betrag $\mathfrak{g}$ des gesuchten Schwerevektors kennt und nur seine Richtung sucht. Dies, könnte man meinen, sollte eine der 12 Messungen entbehrlich machen. Dieses Hilfsmittel würde aber letzten Endes darauf hinauslaufen, die gesuchten Winkel aus ihrem Cosinus zu bestimmen, ein Verfahren, das gerade bei kleinen Abweichungen von der Normallage versagt. Dagegen spielt es bei größeren Schräglagen gewiß die Rolle einer Kontrolle.

Automatische Stabilität. Aus der theoretischen Möglichkeit, mit lediglich aerodynamischen und mechanischen Mittel die Lage des Flugzeugs unter der Voraussetzung ruhiger Luft (oder gleichmäßigen Windes) zu ermessen, folgt, daß es auch möglich sein muß, unter den gleichen Bedingungen ein Flugzeug mit nur ebensolchen Mitteln automatisch zu stabilisieren. Den Begriff automatischer Stabilität müssen wir dabei weiter fassen als bloß im Sinne einer konstanten Aufrechterhaltung einmal vorgegebener aerodynamischer Anblasverhältnisse. Es muß auch die Lage des Flugzeugs zur Richtung des Schwerefeldes konstant bleiben. Stabile Flugbahnen in diesem Sinne sind alle Schrauben (konstanter Krümmung, Geschwindigkeit und Neigung) mit senkrechter Achse. Spezialfälle davon sind auch der gerade Horizontal-, Steig oder Gleitflug, und die horizontale Kreisbahn. Extrem steile stabile Flugspiralen sind das Trudeln.

Instrumentelle Näherungslösung. Unbemannte Flugmodelle bei nicht zu böigem Wetter automatisch stabil zum Durchfliegen größerer Strecken zu bringen, ist eine verbreitete Kunst. Dies ist der augenfällige Beweis dafür, daß unter sehr häufigen Umständen lange nicht alle der erwähnten Einrichtungen vorhanden zu sein brauchen, um doch kleine Störungen sicher wieder automatisch auszugleichen. Es ist daher sehr berechtigt nach Lösungen zu suchen, welche ohne theoretische Vollständigkeit zu beanspruchen, eine gewisse Annäherung des Problems der Flugzustandskennzeichnung gewähren. Insbesondere besteht hierfür ein Bedürfnis zur Erleichterung des Fliegens bei Nacht und Nebel oder in Wolken, wenn dem Führer der optische Kontakt mit dem Boden bzw. dem Horizont verlorengeht. In der Tat gelingt es für den Fall, daß sowohl starke Böen nicht angetroffen und Kursänderungen nach Möglichkeit vermieden werden, bereits mit einem relativ bescheidenen Instrumentarium, das vor allem einen Kreiselwendezeiger, einen Geschwindigkeitsanzeiger und womöglich noch einen Beanspruchungsmesser und eine Windfahne enthält, ganz gut Kurs zu halten bzw. ungewollte kleine Störungen zu parieren. Nur darf man nicht von solchen Näherungslösungen mehr verlangen, insbesondere etwa, in irgendwelchen ganz anormalen Fluglagen dauernd richtig zu zeigen.

Flugzustandskennzeichen bei Segelflug. Grundsätzlich anders werden nun aber die Verhältnisse, wenn wir der atmosphärischen Böigkeit und Wirbligkeit Rechnung tragen wollen. Offenbar ist durch keinerlei aerodynamische und mechanische Verfahren der Beschleunigungszustand der Atmosphäre an Bord meßbar. Wenn der Flieger, obwohl daran gewöhnt, daß das, was er als Schwere scheinbar fühlt, weder nach Größe noch nach Richtung (im Flugzeug) konstant ist, nicht weiß und nicht messen kann, wieviel davon noch auf Trägheitswirkungen aus Beschleunigungen des Mediums, in dem allein er sich bewegt, zurückzuführen ist, so nützt es ihm nichts mehr, den Anteil abzuziehen, der durch den aerodynamisch konstatierbaren Bewegungszustand seines Fahrzeugs relativ zu dieser unruhigen Atmosphäre zu berechnen wäre. Es ist klar, daß auf dieser Basis ein vollständiges Flugzustandskennzeichnungsinstrumentarium aufzubauen nicht möglich ist, geschweige denn ein automatischer Stabilisator, wie viel weniger ein dynamischer Segelflugautomat. Es fehlt uns offenbar der Weg, noch 6 weitere Parameter, nämlich die drei Beschleunigungen und die drei Drehbeschleunigungen der Atmosphäre von Bord aus zu ermitteln.

So wie wir vorhin erwähnten, daß theoretisch eine Messung durch die Kenntnis des Betrags der Intensität der Schwere erspart werden könnte, so können wir auch hier mit gewissem Vorbehalt sagen, daß wir wissen, daß der zeitliche Mittelwert der in die (ja nachher bekannte) Richtung der Schwere fallenden Windbeschleunigungskomponenten Null sein muß, und diese Kenntnis könnte uns theoretisch auch zum Verzicht auf eine der fehlenden Messungen berechtigen. Aber darüber hinauszukommen, sehe ich keinen prinzipiellen Weg. Wenn auch für den Fall der ruhigen Luft Näherungslösungen zu einer praktischen Brauchbarkeit ausgebildet worden sind, liegt für einen dynamischen Segelautomaten die Schwierigkeit vor allem darin, daß die der Messung am allerunzugänglichsten physikalischen Größen auf den Effekt von einschneidendem Einfluß sind.

Zuhilfenahme anderer physikalischer Felder. Selbstverständlich soll damit nicht gesagt sein, daß das Problem an sich nicht lösbar wäre. Nur sollte darauf hingewiesen sein, daß dazu über das Gebiet der mechanischen und aerodynamischen Hilfsmittel hinaus zu anderen physikalischen Feldern gegriffen werden muß. Es unterliegt keinem Zweifel, daß z. B. der Vogel einen weitgehenden Gebrauch von den Anzeigen seiner optischen Sinneswahrnehmung macht. Auch ein geübter Flugzeugführer hat bei räumlichen Kurven in der optischen Beobachtung des Bodens bzw. des Horizontes, und sei es vielleicht nur eine Wolkenlandschaft, die er unter sich hat, ein überaus wirksames Hilfsmittel. Es ist vollständig klar, daß ein absichtlich dynamisch segelnder Vogel in der optischen Beobachtung des phoronomischen Erfolges in Verbindung natürlich mit seinen physiologisch-mechanischen und aerodynamischen Gefühlswahrnehmungen ausreichendes Material zur Beurteilung seiner Manöver findet, und daß die Lebewesen ihre unbewußten Entschlüsse mittels auswählender Versuche nach der wahrgenommenen Annäherung an den gewünschten Erfolg richten, ist von anderen Vorgängen her bekannt.

Natürlich wäre ein optischer Automat überaus kompliziert. Auch würde er bei Verlust der Sicht versagen. Übrigens ist auch nicht bekannt, daß Vögel bei finstrer Nacht, in Wolken oder sonst ohne Sicht stabil in Böen manövrieren oder gar segeln können. Ein „optischer" Automat der sogar bei Unsichtigkeit nicht zu versagen brauchte, wäre übrigens nicht einmal undenkbar, wenn man z. B. an eine elektrische Vermessung des dielektrischen Feldes denkt. (Versuche von Dr. Löwy.)

Näher liegt wohl noch die Zuhilfenahme des magnetischen Erdfeldes. Einen Vorschlag zu einer sehr weitgehenden Näherungslösung auf dieser Grundlage mit Kombinationen von Magnetnadel und Kreiseln hat Boykow gemacht, welcher vielleicht auch bei Segelmanövern nur eine verhältnismäßig geringe Beeinträchtigung erfahren würde.

Ebenfalls sehr naheliegend ist, das aerostatische Feld zu benutzen. Die Niveauflächen gleicher Luftdichte oder gleichen statischen Luftdruckes, sind im allgemeinen sehr nahezu wagrecht. Es ist ja geläufig, durch empfindliche Barometer die Höhe und durch Druckänderungsgeschwindigkeitsanzeiger (Variometer) die Steiggeschwindigkeit zu messen. Die Empfindlichkeit, mit welcher solche Geräte auch für den praktischen Gebrauch im Fluge hergestellt werden können, ist in letzter Zeit erheblich gesteigert worden, so daß man daran denken könnte, durch vier an den Ecken eines aus weit auseinanderliegenden Punkten des Luftfahrzeugs selbst gebildeten Tetraeders angeordnete Feinbarometer auch die Richtung des Dichtegradienten zu ermitteln. (Hierzu wären an sich nur zwei Messungen nötig, als drittes Ergebnis gibt der Mittelwert aller vier die Flughöhe selbst und als viertes Ergebnis erhält man den eigentlich nicht gebrauchten Betrag des Dichte- [oder Druck-]Gradienten an der Stelle.) Die Hauptschwierigkeiten derartiger Meßverfahren liegen in dem Schutz der Meßgeräte oder ihrer Organe vor den Stau- und Sog-Einflüssen des Fahrtwindes.

Segeleffekte bei Motorflügen.

Wir haben gesehen, daß die Verfahren zur richtigen Ermittlung der Flugzustandsdaten um so schwierigere Probleme aufrollen, je erheblichere Abweichungen vom geraden, ruhigen Normalflug, und insbesondere im Sinne von Segeleffekten ins Spiel kommen. Hand in Hand damit gehen aber auch Beeinflussungen aller sonstiger Messungen an Flugzeugen, insbesondere solcher zur Bestimmung ihrer Flugleistungen und Flugeigenschaften. Es ist daher notwendig, bei der Beurteilung von Flugleistungen und Flugeigenschaften auf Grund von Messungen, sich nach Möglichkeit zu vergewissern, daß keine Segeleffekte die reinen Flugleistungen und Eigenschaften des Flugzeugs selbst verdecken. Gegegebenfalls wird man bei besonderen Prüfungsflügen darauf hinauskommen, Flugbedingungen so vorzuschreiben, daß die wichtigsten, naheliegendsten und ergiebigsten Segelwirkungen vermieden oder kompensiert werden. Wo das nicht geschieht und mit Möglichkeit von Segeleffekten zu rechnen ist, wird man versuchen müssen, zu deren Abschätzung zu gelangen und sie von den aktuell gemessenen Flugleistungen in Abzug zu bringen. Vergleichsflüge bei verschiedenem Wetter, über verschiedene Gelände, und evtl. mit verschiedenen Kursvorschriften, werden in fraglichen Fällen evtl. zu einer Klärung führen können.

Andererseits, wo es sich nicht um eine Untersuchung technischer Art handelt, sondern um die Erreichung von Höchst- oder Grenzleistungen, z. B. zur Aufstellung von Rekorden, zur Überwindung besonderer Hindernisse im Gebirge oder dergleichen oder auch unter besonderen Notlandungsbedingungen, wird auch der Führer eines Motorflugzeuges vorteilhaft mit Fleiß sich Segeleffekte zunutze zu machen suchen. Wir haben gesehen, daß es Fälle gibt, in denen Segelflugerscheinungen auch dem Hochleistungsmotorflugzeug erheblichen Gewinn zu bringen vermögen. Die Ausnutzung des Aufwindes auf den Südseiten von Gebirgszügen zur Streckung des Betriebsstoffvorrats oder Überfliegung des Gebirges selbst ist eine Kunst, die jedem Flieger von Nutzen sein kann und auch schon häufig bewußt geübt worden ist.

Im großen ganzen hingegen wird die Ausnutzung der Segelflugwirkungen weniger die Domäne der starkmotorigen Verkehrs- oder Militärflugzeuge als der hierfür besonders gebauten langsamen Segelflugzeuge bilden. Indessen ist in Weiterverwertung der mit den eigentlichen Segelflugzeugen gewonnenen Erfahrungen in letzter Zeit das Segelflugzeug mit Hilfsmotor und vor allem der kleine Sportflugzeugtyp mit schwachem Motor, geringer Mindestgeschwindigkeit und äußerst geringem Schwebeleistungsbedarf in ernster Entwicklung begriffen, welcher allem Anschein nach berufen sein wird, die Erfüllung der Aufgabe eines nicht an Flugpläne, Flugrouten und organisierte Flughäfen gebundenen Privatkleinverkehrsmittel der Luft mit einer bedeutenden Erweiterung der Gelegenheiten zur Ausübung von Segelflügen zu vereinigen. Für solche segelfähige Kleinflugzeuge werden die Probleme, die in dieser Arbeit erörtert wurden, ohne Zweifel in erster Linie von Bedeutung sein.

Literaturverzeichnis.

Prandtl, Nachr. v. d. Ges. d. Wiss., Göttingen, Mathem.-physik. Kl. 1918.
Buttenstedt, Das Flugprinzip. 3. Aufl. Berlin: W. H. Kühl 1910.
Technische Berichte, herausgegeben von der Flugzeugmeisterei. Bd. 3. Berlin 1918.
Salkowski, Technische Berichte herausgegeben von der Flugzeugmeisterei usw. Bd. 3. Berlin 1918.
Lanchester, Aerodynamik, deutsch von Runge. Leipzig: Bd. 1, 1909; Bd. 2, 1911.
Klemperer, Ein einfaches Verfahren zur Auffindung von $(c_a^3/c_{w\,\max}^2)$. Z. Flugtechn. 1922, S. 78.
Z. Flugtechn. 1923, Nr. 11/12.
Z. Flugtechn. 1922, Nr. 23 u. 24.
Exner, F.: Dynamische Meteorologie. Leipzig: B. G. Teubner 1917.
Z. Flugtechn. 1922, Nr. 13.
Abhandlungen aus dem Aerodynamischen Jnstitut der Technischen Hochschule Aachen. 1921. 1. Heft.
Kármán, v.: Mechanische Modelle zum Segelflug. Z. Flugtechn. 1921, Nr. 14 sowie in Naturwissensch. 1921.
Flug- und Motortechnik. Wien 1908.
Z. Flugtechn. 1912, S. 269.
Verschiedene Artikel im Flugsport, insbes. von Goedecker. Frankfurt a. M. 1920.
Verslagen en Verhandelingen van den Rijks-Studie-Dienst voor de Luchtvaart. Deel I. Amsterdam 1921.
Z. Flugtechn. 1922, Nr. 11 und 1923, Beiheft 10.

Ferner finden sich genaue Literaturangaben über die sämtlichen sonst zitierten Arbeiten in folgenden drei Veröffentlichungen über den Segelflug:

Moedebeck: Taschenbuch für Flugtechniker und Luftschiffer. 4. Aufl. Kapitel XIII. Berlin: M. Krain 1923.

Ahlborn, Dr. F.: Der Segelflug. Berichte und Abhandlungen der Wissenschaftlichen Gesellschaft für Luftfahrt 1921, H. 5 (Juni). — Dreisch, Th.: Der Segelflug der Vögel usw. Ebenda 1922, H. 9 (August). München u. Berlin: R. Oldenbourg.

Die Abkürzung Z. Flugtechn. bedeutet: Zeitschrift für Flugtechnik und Motorluftschiffahrt. München u. Berlin: R. Oldenbourg.

Flugzeugbaukunde. Eine Einführung in die Flugtechnik. Von Dr.-Ing. **H. G. Bader.** Mit 94 Bildern im Text. (121 S.) 1924. RM 4.80; gebunden RM 5.40

Die Stabilität der Flugzeuge. Einführung in die dynamische Stabilität der Flugzeuge. Von Prof. **G. H. Bryan.** Aus dem Englischen übertragen von Dipl.-Ing. **H. G. Bader,** Dresden. Mit 40 Textfiguren. (147 S.) 1914. RM 6.30

Flugzeugstatik. Von Dipl.-Ing. **Aloys van Gries.** Mit 207 Textfiguren. (392 S.) 1921. RM 18.—

Der Bau der Starrluftschiffe. Ein Leitfaden für Konstrukteure und Statiker. Von **Johannes Schwengler,** Oberingenieur. Mit 33 Textabbildungen. (99 S.) 1925. RM 4.80

®Flugmotoren. Von Ing. **Max Schanzer** und **Stefan Balog,** Ingenieur des Luftfahrarsenals. (Technische Praxis, Band XXI.) Mit 49 Abbildungen. (87 S.) 1918. RM 1.50

Die Gesetze des Wasser- und Luftwiderstandes und ihre Anwendung in der Flugtechnik. Von Dr. **Oscar Martienssen,** Kiel. Mit 75 Textfiguren. (137 S.) 1913. RM 5.50

Technische Schwingungslehre. Ein Handbuch für Ingenieure, Physiker und Mathematiker bei der Untersuchung der in der Technik angewendeten periodischen Vorgänge. Von Privatdozent Dipl.-Ing. Dr. **Wilhelm Hort,** Oberingenieur, Berlin. Zweite, völlig umgearbeitete Auflage. Mit 423 Textfiguren. (836 S.) 1922. Gebunden RM 24. —

Mathematische Schwingungslehre. Theorie der gewöhnlichen Differentialgleichungen mit konstanten Koeffizienten sowie einiges über partielle Differentialgleichungen und Differenzengleichungen. Von Dr. **Erich Schneider.** Mit 49 Textabbildungen. (200 S.) 1924. RM 8.40; gebunden RM 9.15

Grundzüge der technischen Schwingungslehre. Von Prof. Dr.-Ing. **Otto Föppl,** Braunschweig. Mit 106 Abbildungen im Text. (157 S.) 1923. RM 4.—; gebunden RM 4.80

Lehrbuch der technischen Mechanik für Ingenieure und Studierende. Zum Gebrauche bei Vorlesungen an Technischen Hochschulen und zum Selbststudium. Von Prof. Dr.-Ing. **Theodor Pöschl,** Prag. Mit 206 Abbildungen. (269 S.) 1923. RM 6.—; gebunden RM 7.25

Einführung in die Mechanik mit einfachen Beispielen aus der Flugtechnik. Von Dr. **Theodor Pöschl,** o. ö. Professor an der Deutschen Technischen Hochschule in Prag. Mit 102 Textabbildungen. (139 S.) 1917. RM 3.75

Beiträge zur technischen Mechanik und technischen Physik. August Föppl zum siebzigsten Geburtstag am 25. Januar 1924. Gewidmet von seinen Schülern. Mit dem Bildnis August Föppls und 111 Abbildungen im Text. (216 S.) 1924. RM 8.—; gebunden RM 9.60

Lehrbuch der technischen Physik. Von Prof. Dr. Dr.-Ing. **Hans Lorenz,** Geheimer Regierungsrat, Danzig. Zweite, neubearbeitete Auflage.

Erster Band: **Technische Mechanik starrer Gebilde.** Zweite, vollständig neubearbeitete Auflage der „Technischen Mechanik starrer Systeme“.

Erster Teil: **Mechanik ebener Gebilde.** Mit 295 Textabbildungen. (398 S.) 1924. Gebunden RM 18.—

Die mit ® bezeichneten Werke sind im Verlag von Julius Springer in Wien erschienen.